新工科背景下的
地方高校环境类专业改造升级
探索与实践

曾鸿鹄　林华 / 主编

中国环境出版集团・北京

图书在版编目（CIP）数据

新工科背景下的地方高校环境类专业改造升级探索与实践/曾鸿鹄，林华主编. —北京：中国环境出版集团，2021.7

ISBN 978-7-5111-4696-0

Ⅰ. ①新… Ⅱ. ①曾…②林… Ⅲ. ①地方高校—环境工程—专业教育—教育改革—研究—中国 Ⅳ. ①X5-40

中国版本图书馆 CIP 数据核字（2021）第 059130 号

出 版 人 武德凯
责任编辑 殷玉婷
文字编辑 刘 露
责任校对 任 丽
封面设计 宋 瑞

出版发行 中国环境出版集团
（100062 北京市东城区广渠门内大街 16 号）
网 址：http://www.cesp.com.cn
电子邮箱：bjgl@cesp.com.cn
联系电话：010-67112765（编辑管理部）
发行热线：010-67125803，010-67113405（传真）
印 刷 北京中科印刷有限公司
经 销 各地新华书店
版 次 2021 年 7 月第 1 版
印 次 2021 年 7 月第 1 次印刷
开 本 787×960 1/16
印 张 9.5
字 数 150 千字
定 价 80.00 元

序

地方高校新工科建设的一个典型成功范例

2021 年 4 月习近平总书记在清华大学考察时强调指出："我国高等教育要立足中华民族伟大复兴战略全局和世界百年未有之大变局，心怀'国之大者'，把握大势，敢于担当，善于作为，为服务国家富强、民族复兴、人民幸福贡献力量。""要想国家之所想、急国家之所急、应国家之所需，抓住全面提高人才培养能力这个重点，坚持把立德树人作为根本任务，着力培养担当民族复兴大任的时代新人。"要"打破学科专业壁垒，对现有学科专业体系进行调整升级，瞄准科技前沿和关键领域，推进新工科、新医科、新农科、新文科建设，加快培养紧缺人才。"总书记的谆谆教导为我国高等教育高质量发展和新工科建设指明了前进方向。众所周知，新工科建设从"复旦共识""天大行动"到"北京指南"，已经进入到 2.0 版阶段，正在着力打破学科专业的壁垒，努力实现交叉融合、跨界整合、深度聚合再出新，未来技术学院、现代产业学院和特色化专业学院也应运而生、有序发展。

我国高等教育迈入普及化阶段以来，多样化已成为其重要特征之一，专家学者和各高校更加关注高等教育多样化视域下的学校类型、发展路径、质量标准、培养能力、课程体系、评价体系构建。地方高校在普及化阶段的发展也呈现出多样化趋势，不同类型和层次的高校需要根据各自办学定位，采取不同的新工科建设策略和人才培养机制，调整学科专业和人才培养类型层次，走差异化发展道路；要坚持合理定位、各安其位、各展所长、分类发展、特色发展的原则，探索形成地方高校新工科建设特色，打造核心竞争力。为此，有特色多样化作为地方高校新工科建设的发展方向，需要各地和相关高校努力探索。

站在"两个一百年"的历史交汇点，我们推进地方高校新工科建设，要胸怀"两个大局"，心怀"国之大者"，立足新发展阶段，贯彻新发展理念，服务构建新发展格局，着力聚焦产业转型升级和新旧动能转换需要，建立健全与城市发展规划、产业结构布局、科研平台设置相呼应的学科专业布局，打破学科专业壁垒，优化学科专业结构，对接新经济、新产业、新技术发展需求，促进产教深度融合和教育链、人才链与产业链、创新链有机衔接，形成长效的校企合作机制，推进高校人才培养标准与行业标准相融合、教学实践与生产实际相融合、教师队伍与行业企业人才队伍相融合，扩大紧缺人才供给规模，优化人才供给结构，提高人才供给质量。

地方高校新工科建设在与时俱进、守正创新、深化改革，持续提高进程中，涌现出许多成功案例。2017 年以来，桂林理工大学环境科学与工程学院曾鸿鹄院长主持完成了教育部首批“新工科”研究与实践项目：“新工科背景下的地方高校环境类专业多方协同育人模式改革与实践”。今天，其教学改革研究与实践成果出版面世了，值得庆贺点赞。像桂林理工大学这样的地方高校，面广量大，占比超过了我国普通高等院校总数的90%，是新工科建设的主力军，在新工科建设和高等工程教育高质量发展中举足轻重，发挥着重要的支撑作用，地方高校新工科建设亟需总结出新、典型引路、树立标杆、示范推动。从这样的视角来看《新工科背景下的地方高校环境类专业改造升级探索与实践》的出版，深感十分及时，具有示范意义。

《新工科背景下的地方高校环境类专业改造升级探索与实践》从师资建设、专业发展、课程体系、育人方式、教学模式、课程思政、管理体制、保障机制、质量标准、质量监控、评价体系、社会服务、国际交流等方面，对桂林理工大学环境类专业的新工科建设工作进行了梳理，是贵校环境类专业新工科建设有益尝试的全面总结，必将示范引领新时代地方高校教育教学培优增利、提质增效、赋能增值，加快培养支撑经济社会发展的应用型人才、技术技能人才。

总之，《新工科背景下的地方高校环境类专业改造升级探索与实践》的出版，丰富和发展了地方高校新工科建设与教学改革的实践，为地方高校其他学科专业开展新工科建设、推进教学改革提供了良好借鉴。衷心期望更多教育工作者以习近平总书记关于教育的重要论述为指导，及时总结高等工程教育人才培养的成功经验、有效做法，以创新成果引领发展、引导教改、指导实践，推动我国高等工程教育高质量发展。

是为序。

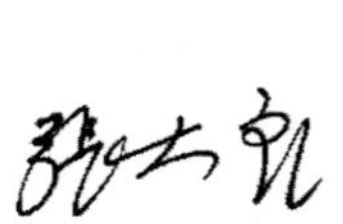

2021 年 6 月 26 日

前　言

随着社会经济的快速发展、科技创新能力的不断提高，我国工程教育的人才培养规模已经跃升至世界首位。为满足高等教育需要，主动应对新一轮科技革命与产业变革，教育部积极推进工科专业建设，鼓励全国高等院校以新工科建设为指导，对传统工科专业进行升级改造，探索形成领跑全球工程教育的中国模式。新工科建设理念为高校人才培养指明了方向，成为教育界乃至社会关注的重点和热点。

新工科建设不是对原有工程教育模式的简单升级，而是教育理念、组织形式的革新。与以往传统工程教育培养的工程人才不同，新工科培养的是未来能够引领全球工程教育发展的新时代工程人才。新工科倡导继承与创新、交叉与融合，因此必须打破学科壁垒，瞄准国际前沿和国家重大需求，坚持问题导向，培养应用创新型工程技术人才。

当前，随着我国综合国力的不断提升，人们的环境保护意识也越来越强。党的十八大以来，以习近平同志为核心的党中央将生态文明建设放到治国理政的重要位置，提出了“绿水青山就是金山银山”的发展理念，揭示了经济发展和生态环境保护的关系，明确了可持续发展的新路径，我国生态环境保护发生了历史性、转折性、全局性的变化。随着生态文明理念的不断深入和生态环境保护事业的蓬勃发展，新时代对生态环境领域人才培育工作提出了更高的要求。高校环境科学专业亟须探索与创新专业育人路径，强化实践应用型人才的培养。

我国环境工程专业始建于20世纪70年代，经过近几十年的发展，现已逐渐成为一门具有丰富内涵和广阔前景的学科。在过去几十年里，环境工程专业已经为社会培养出了许多高素质人才。但是与当前庞大的社会需求相比，环境工程专业的人才培养工作仍需加强。截至2020年，全国已有400多所本科院校开设了环境工程专业，其中近85%为地方高校。地方高校承担了基层生态环境保护工程人才的主要培养任务。互联网技术的迅猛发展与不断渗透，开启了教育现代化建设的新征程。处于信息时代的教师和学生们在学习方法和思维方式上都发生了巨大改变。在此背景下，地方高校环境类专业的人才培养工作的短板日益凸显，例如人文教育缺乏、资源共享困难、学科交叉融合不足、科技转化能力薄弱、合作育人机制不成熟等。解决这些问题迫切需要教学理念和育人模式的进一步更新和变革。

桂林理工大学是广西壮族自治区最早设立环境科学与工程学科的学校，现已形成集环境工程、给排水科学与工程、水文与水资源工程、地下水科学与工程于一体的学科专业群，在有色金属污染防治、水环境保护和环境分析等方面具有特色和优势。为适应高等教育新形势，认真落实立德树人根本任务，加快建设一流本科教育，桂林理工大学环境类专业以新工科建设为抓手，从人才培养、科学研究、社会服务等方面持续开展了一系列教学改革。本书就是对这些改革工作的梳理和总结。希望本书能够为地方高校环境类专业新工科建设和人才培养工作提供参考。

本书主要包含了新工科建设现状、立德树人、协同育人模式改革、教学质量保障机制构建、国际化视野培养等内容。第1章是地方高校环境类专业新工科的建设现状，介绍了新工科的内涵、发展与环境类专业建设面临的问题；第2章是立德树人融入专业建设全过程，结合“三全育人”介绍了加强德育教学的措施；第3章是专业发展定位、人才培养目标与培养标准，介绍了桂林理工大学环境类专业人才培养现状；第 4 章是课程体系改革与知识体系更新，介绍了课程体系改革的主要内容；第 5 章是环境类专业协同育人模式改革，详细阐述了校地校企“全方位、立体化、产教融合”的协同育人模式的实施过程；第 6 章是现代教育信息技术促进教学方式多元化改革，介绍了现代信息技术在环境类专业教学工作中的应用；第 7 章是环境类专业理论与实践教学融合的质量监控与保障体系构建，介绍了教学过程质量监控机制的构建方法；第 8 章是环境类专业创新人才国际化视野的培养途径，介绍了国际化视野与跨文化沟通学习的新范式。

感谢桂林理工大学水污染控制国家级实验教学示范中心、环境污染防治与生态保护虚拟仿真实验教学中心、环境工程国家级一流本科专业建设点、给排水科学与工程国家级一流本科专业建设点、广西环境污染控制理论与技术重点实验室、广西岩溶地区水污染控制与用水安全保障协同创新中心、广西环境污染控制理论与技术重点实验室科教结合科技创新基地、广西一流学科（环境科学与工程）建设项目、广西高等教育本科教学改革工程重点项目“新工科背景下的地方高校环境类专业改造升级路径探索与实践”（2018JGZ 120）对本书出版的支持。此外，在本书的编写过程中，桂林理工大学环境科学与工程学院各专业一线教师提供了许多教学资料，在此一并表示感谢。

最后感谢中国环境出版集团的鼎力支持。

由于作者知识所限，本书难免存在不足与错误之处，敬请读者批评指正。

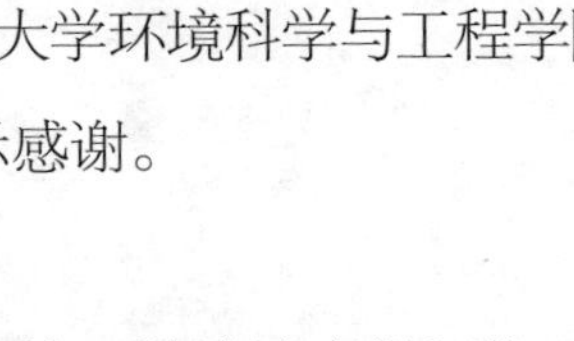

2021 年 2 月 1 日

目　录

第 1 章

地方高校环境类专业新工科建设现状

1.1 新工科的内涵及其发展

1.1.1 新工科的内涵

在新一轮科技革命和产业变革的大环境下，我国的高等工程教育改革站在了新的历史起点上。为了能够更好地响应和服务于国家创新驱动发展战略和方针，教育部提出高校要加快工程专业的新工科建设工作，主动设置和发展一批新兴工科专业，推动现有工科专业的改革创新，探索具有中国特色的工程教育模式，为建设高等教育强国提供坚实的助力和支撑。

2017 年 2 月 18 日，教育部在复旦大学召开了高等工程教育发展战略研讨会，探讨了新工科的内涵特征、新工科建设与发展的路径选择，并达成了“工科优势高校要对工程科技创新和产业创新发挥主体作用”“综合性高校要对催生新技术和孕育新产业发挥引领作用”“地方高校要对区域经济发展和产业转型升级发挥支撑作用”等共识（也称为“复旦共识”）。此后，教育部在天津大学召开新工科建设研讨会，提出了“新工科”建设行动路线（也称为“天大行动”），并指出：“到 2020 年，探索形成新工科建设模式，主动适应新技术、新产业、新经济发展；到

2030 年，形成中国特色、世界一流工程教育体系，有力支撑国家创新发展；到 2050 年，形成领跑全球工程教育的中国模式，建成工程教育强国，成为世界工程创新中心和人才高地，为实现中华民族伟大复兴的中国梦奠定坚实基础。”“天大行动”的具体内容包括：“探索建立工科发展新范式”“问产业需求建专业，构建工科专业新结构”“问技术发展改内容，更新工程人才知识体系”“问学生志趣变方法，创新工程教育方式与手段”“问学校主体推改革，探索新工科自主发展、自我激励机制”“问内外资源创条件，打造工程教育开放融合新生态”“问国际前沿立标准，增强工程教育国际竞争力”共 7 个方面。

2017 年 6 月 9 日，教育部在北京召开新工科研究与实践专家组成立暨第一次工作会议，全面启动、系统部署新工科建设，并审议通过了《新工科研究与实践项目指南》（也称为“北京指南”），为新工科建设提供了具体指导意见。

新工科建设的“复旦共识”“天大行动”“北京指南”先后出台，对新工科建设的内涵、建设目标、理念、行动路线等做了清晰表述。高校需要立足自身基础，从教育理念、学科专业结构、人才培养模式、教育质量、教育体系等多方面、多维度进行思考、实践、改革与创新。

新工科的内涵是以立德树人为引领，以应对变化、塑造未来为建设理念，以继承与创新、交叉与融合、协调与共享为主要途径，培养未来多元化、创新型卓越工程人才，具有战略性、创新性、系统化、开放式的特征。在此建设背景下，新时代的环境事业发展对工程应用型人才的培养提出了新需求。培养应用型的创新人才和具有时代特征的卓越环保工程师，必须重视和强化实验教学在人才培养中的基础作用。在教学中，要跟踪行业发展和学科前沿，不断开展实验教学改革与实践，推动教育理念更新、模式变革、体系重构，以培养学生独立发现问题、分析问题和最终解决问题的能力，促进教学质量持续提升。地方院校理工科专业应用型教学模式与创新型实践的结合，需要高校理论课堂与企业实践资源的互补，以实现学生自主设计实践过程和培养学生创新能力作为实践教学的主要目标，探讨在新工科背景下以卓越工程人才培养计划环境为牵引、以院校资源整合与共享环境为基础、以校企联合培养合作教学模式环境为动力、以转型改革发展环境为主线、以产教融合和科研育人为手段，有效地解决理工科专业实践教学存在的问题。

1.1.2 新工科背景下的现代化教育理念

1.1.2.1 产教融合

我国本科院校的数量、规模正逐步扩展，高校同质化发展成为教育行业面临的新问题。教育部提出的地方性普通本科高校应由产教融合向应用型转变的意见，为未来新工科专业建设指明了方向。产教融合是实现应用型本科院校自我发展及服务地方经济发展的重要途径。地方高校应当积极地促进、推进教育改革，并在此基础上落实办学理念，投入具体的建设工作，在产教融合的过程中，促进校企合作，提高高校内部人员的应用型技术技能，使学生具备良好的就业能力。

2017 年国务院办公厅印发的《国务院办公厅关于深化产教融合的若干意见》（国办发〔2017〕95 号）提出，深化产教融合，促进教育链、人才链与产业链、创新链有机衔接，是当前推进人力资源供给侧结构性改革的迫切要求。随后，各地方政府陆续推出深化产教融合的实施意见，以推进人才培养供给侧结构性改革，促进产业链与教育链有机融合，全面提高高等教育质量。产教融合是人才培养活动与社会生产/服务活动紧密结合的一种人才培养模式，是我国教育事业在不断发展过程中，基于“教育与生产劳动相结合”这一思想之上的创新。随着高校与地方企事业单位合作向深度和广度逐渐延伸，产教融合人才培养模式成为当前工程技术人才培养的主要趋势。地方院校应当更加注重行业和企业动态变化，借助网络信息技术，探索新工科建设与应用型人才培养的新路径。

1.1.2.2 OBE 与 CDIO 理念

OBE（Outcomes-Based Education）和 CDIO（Conceive-Design-Implement-

Operate）是国际上指导工程教育认证的两大教育理念，其在我国高校人才培养与教育改革中扮演着重要角色。OBE源于美国和澳大利亚的基础教育改革，是一种“遵循结果导向，进行反向设计教学体系的教育模式”，又被称为“成果导向教育”“能力导向教育”或“需求导向教育”。其实质是以学生毕业后从事的职业所需的各种核心能力反推学生应取得的学习成果，构建相应的理论与实践教学体系，强调以学生为中心，按需求培养人才，具有很强的目标导向性。2016年6月我国成为《华盛顿协议》正式会员，此后一直使用OBE理念引导工程教育改革。OBE理念引入国内后，一些高校对OBE理念的核心要义“以学生为中心、以产出为导向”进行了广泛且深入的研究。特别是教育部以OBE理念为基础发起了卓越工程师教育培养计划、工程教育专业认证和新一轮的高等院校审核评估之后，OBE理念的应用研究增长势头更加明显。CDIO是美国麻省理工学院联合瑞典皇家工学院、查尔姆斯理工大学、林雪平大学创建的工程教育模式，它从构思、设计、实现和运作4个维度，强调以项目为载体让学生积极主动地进行工程学习。进入新时代，在国家一流学科建设的推动下，国内许多高校更加注重行业需求和实际工程应用，并针对当前工程训练课程教学过程中综合能力与素质培养力度不足等问题，提出了基于CDIO理念的应用型人才培养模式。

OBE理念强调学生对所学知识的运用能力。从人才培养的角度来看，这与应用型专业人才的目标是一致的，均要求学生将学到的专业知识、技能应用于所从事的专业生产和专业实践，成为能够提升社会生产效益的技术或专业人才；不仅要求学生具有深厚的专业知识和较强的职业能力，还要求学生具备较高的专业素养。OBE和CDIO理念不仅符合教育部2018年倡导的“突出学生中心、突出产出导向、突出持续改进”三大基本原则，而且与我国产教融合的教育模式高度契合。借鉴OBE和CDIO理念，探索产教融合的地方高校应用型本科专业人才培养模式，对提高工程技术专业服务地方行业和经济发展的能力有很好的示范作用和借鉴价值。

1.2　地方高校新工科建设现状与面临的挑战

1.2.1　新工科建设现状

当前我国拥有世界规模最大的工程教育体系，每年培养大量的工程技术人才。同时，我国工程教育面临着对信息社会和高等教育大众化的双重不适应。新工科建设提出之后，许多高校的工科专业努力改变工程教育不适应社会要求的局面，尝试以此为契机对工科专业进行整体、系统和综合的审视与改革。天津大学作为新工科建设的“领头雁”，在全国率先发布了“天津大学新工科建设方案”（以下简称“天大方案”）。“天大方案”重构了工程人才的课程体系和培养机制，强调“在解决问题中用什么知识、如何学习知识、怎么应用知识”，强调学生的创造和创业。华南理工大学启动实施了“新工科 F 计划”，通过构建“通识+专业+双创”深度融合的课程体系，推进“5I”（学科交叉融合、产学研合作、国际化教育、工程深度学习、本研贯通培养）多维培养，着力培养工具理性与价值理性兼备、复合知识与核心能力（学习力、思想力、行动力）兼备、家国情怀与全球视野兼备的“三创型”（三创即创新、创造、创业）工科领军人才。除此之外，更多高校结合行业发展，直接开设新工科专业。例如，北京理工大学新增了人工智能、数据科学与大数据技术、智能制造工程 3 个新工科专业；重庆大学新增了人工智能、机器人工程、数据科学与大数据技术、智能医学 4 个新工科专业；广州大学新增了网络空间安全、信息安全和生物制药 3 个新工科专业。

对于更多的“双非”型地方高校而言，新工科建设更多的是依托与地方企事业单位合作，通过产教融合与协同育人的人才培养模式对现有专业进行改造升级。尽管产教融合人才培养模式具有一定的优越性，受到政府、社会和企业等支持，但产教融合人才培养模式在实施过程中仍面临着许多困难。产教融合最为突出的特点就是能够为地方本科院校人才培养提供基本方向和思路，通过创新人才培养模式，为地方经济发展和区域产业转型提供高素质技术型专业人才，但从产教融合协同发展角度看，在一些专业领域实施的总体效果还不尽如人意。在国家政策支持下，地方本科院校对于校企合作积极性比较高，愿意将学生输送到企业一线进行顶岗实习。但由于缺少相应的制度支持和奖励政策、学生实习时间不连续、为企业实际解决问题的能力不足等问题，企业对产教融合和校企合作积极性偏低，校企合作停留在浅层面。地方本科院校学生在环境类相关行业实习过程中，很难接触到企业应用技术研发等领域，难以掌握最新的技术。同时，地方本科院校在工科人才培养方案制定上，由于受到多重因素影响，很难将企业理念与技术需求渗透到教学之中，导致校企双方合作的深度和广度不够。综上，我国产教融合还面临不少制约因素，教育链与产业链联系不紧密，教育和产业统筹融合、良性互动格局的根基不够稳健；校企协同、实践育人的人才培养模式尚未根本形成，校企合作处于浅层次、自发式、松散型、低水平状态；课程内容与职业标准、教学过程与生产过程相对脱节，“重理论、轻实践”问题依然存在。

1.2.2 新工科建设面临的挑战

许多专家和学者分析了新经济发展对人才素质结构的要求，由此形成新工科人才培养目标，总体形成以下几点共识：所培养的学生应具备家国情怀、国际视野、法治意识和生态意识、批判性思维、解决复杂工程问题的能力、信息素养与数字化能力、创新创造意识与能力、沟通与交流能力、自主学习和终身学习的意识与能力等。这些要求集中体现在社会对交叉复合型人才的需求上。根据上述人才培养要求，地方工科高校在人才培养中存在以下几方面的突出问题。

1.2.2.1 地方高校的教育资源不足

在所有专业门类中，工程教育对实践教学的要求最高。与中央高校相比，地方高校所获得的教学资源较少。2018 年，全国普通高校财政性教育经费投入总额为 7 449.11 亿元，其中中央高校 2 402.21 亿元，地方高校 5 046.90 亿元，分别占投入总额的 32.25%和 67.75%。2018 年，全国普通高等学校生均教育经费总支出为 36 286.97 元。其中，地方普通高校生均教育经费，东部地区最高，为 36 470.89 元；中部地区最低，为 24 423.67 元。与全国平均数相比，东部地区高于全国平均数 183.92 元、中部地区和西部地区分别低于全国平均数 11 863.30 元和 8 096.47 元。

1.2.2.2　专业办学同质化

在我国，尤其是行业转地方的高校，相对后来新建的地方高校，往往拥有较好的工程教育的基础。据统计，1998—2000 年，院校管理体制改革划转地方的 241 所普通高等学校中，以地方管理为主的理工类院校有 140 所，其中本科院校 102 所，其中 80 所拥有博士学位授权点，包含地质、矿业、冶金、机械、电力、化工、纺织、轻工、建筑等专业。

在转型过程中，由行业主导转为地方主导时，地方高校为获取地方财政的更多支持，为提升社会地位、办学声誉以及吸引生源，盲目地追求精英教育，倾向学术型人才培养；或是贪大求全，专业开设过多，部分专业建设基础不足，导致逐渐失去自己的办学特色，工科办学理科化、专业教育通识化、人才培养同质化现象严重。

1.2.2.3　人才培养学科中心思维严重，专业划分过细

人才培养受制于“学科中心”思维，专业划分过细，相近学科之间、文理工之间缺乏有效的渗透交融，学科、专业、平台、师资等培养要素缺乏综合统筹，一方面导致学生知识面狭窄，解决复杂工程问题的能力较弱，综合素质和能力不够高；另一方面导致各教学单位各自为政，师资、实验教学设备、实践教学基地等难以共享。

1.2.2.4 双师型教师比例低，工程教育能力弱

加强学生工程实践能力、创新创造能力的培养是新工科建设的基本任务。高校教师大多数认同其实现的有效途径是增强教师的工程教育能力，然而当前行业对教师的工程教育能力评价却不高。教师缺乏一线生产的工作经验，会导致教学中重理论、轻实践，教学脱离生产实际。

1.2.2.5 校企协同机制不健全，企业参与人才培养方式单一

新工科建设强调对接产业需求，加强校企合作，协同育人。目前，各高校校企协同育人工作成效比较显著的是企业接收学生参与实践教学、校企共建实习实训基地；企业参与人才培养方案制定的比例远低于上述两种合作形式；而企业人员在高校任教、校企合作开发课程、编写教材、设立产业化学院等方面合作的比例极低。总体来看，校企合作还停留在粗浅层面。此外，虽然校外实践教育基地在数量上基本能满足教学需要，但基地在培养学生实践创新能力中的作用不明显。

1.2.2.6 产出导向质量保障机制未能建立

以人才培养目标和毕业要求反推人才培养过程，可以看出，目前以产出为导向的质量保障机制未真正建立。一些已通过工程教育认证的专业在这方面也存在改进空间，表现在课程设置不尽合理，学科交叉融合体现不够，课程标准执行不到位，教学内容、方法、课程考核等教学过程的实施与课程标准有差距，在教学条件有限的情况下资源整合利用不够等方面。

1.3 企业视角下的高校专业建设

高等院校作为我国应用型人才的培养主体，正在逐步形成适合现阶段我国经济发展及产业发展需求的现代职业教育体系。校企合作的办学模式对于我国新工

科建设及高级技术技能型人才的培养具有非凡的意义。校企合作是一种注重培养质量，在校学习与企业实践，学校与企业资源、信息共享的双赢模式，必须通过不断地研究和深化改革来探索多元化的措施，完善符合我国现阶段地方院校实际情况和未来经济发展需要的产教融合机制。新工科建设须密切关注行业发展和企业需求，持续不断地创新校企合作协同育人模式，推动我国高等职业教育的发展、提高技术技能型人才的培养质量，为国家经济发展提速提供强大的人力资源储备。

1.3.1　对高校人才的评价与要求

成功的工科专业是向企业输出高品质的毕业生。而对于高校学生品质，企事业单位首先看中的是敬业、责任心、吃苦耐劳的品质，其次是团队合作精神、诚实、稳重扎实的品质。目前有些刚毕业的大学生，实践能力薄弱、工作能力差、不务实、不愿意接受基层锻炼、不肯吃苦、责任心不强、不断跳槽，导致企业不放心也不敢将重要的事情交给他们做。学生自身定位不准确，职业发展不明确，在一定程度上降低了毕业生的就业质量。所以需要教师在教学过程中不断增加这方面的心理辅导，提高学生相关的素质。

1.3.2　对专业培养方案的意见及要求

考虑企事业单位的需求，高等院校也需要对专业培养大纲做出相应的调整。邀请企事业单位的负责人来学校参加专业培养方案论证会，这不失为一种较好的方法。通常而言，企事业单位对专业培养的主要意见体现在以下方面：①根据学校对人才培养的定位，企事业单位要求教研室充分考虑教学需要的同时，满足企事业单位需要，并增加相关的教学课程；②企事业单位对实践课程的要求是高年级的学生尽可能地去生产单位实习，或者选择更灵活的生产实习模式；③增加企事业单位所需要的课程或相关专业课程，这样既可以满足企业需求，又可以让毕业生少走弯路。

1.3.3 对教学与科研的要求

目前，高校教师的科研工作主要与学科前沿工作相继，与企事业生产单位的实际工作相差很大。一方面是社会上大部分的工作，企事业生产单位均能自行解决，只有小部分的企事业生产单位进行科研或研制相关的设备或方法，需要科研技术人员；另一方面是高校教师很少走出校门，或者是只做企业完成不了的事情。这就导致两极分化：搞科研的就只搞科研，搞生产的就只搞生产。即便是教师在课堂教学，也只是将自己的科研工作（前沿学科）与课堂知识相结合，而与企事业生产单位的要求结合得较少。

怎样才能将教学与企事业单位要求有机结合，是当下教学单位与企事业单位需要解决的问题。除了教师到企事业单位挂职学习，教学单位还应当邀请企事业单位的技术负责人、总工等来学校进行讲学。大部分本科生需要“接地气”的企事业单位的人员进行教学或者是生产指导。

1.3.4 对学生与教师的要求

1.3.4.1 对学生的要求

学生要放眼未来，要“走出去”；要到企业中进行锻炼，要尽量到有实力的企业中去。学生在校期间要不断学习，进入工作单位后要多问“为什么”“怎么做可以更好”。学生应随着社会的进步不断提升自己的技能，同时提高自身品德修养。

1.3.4.2 对教师的要求

高校教师具有高水平、学科前沿、推动社会进步的知识和能力。大部分的学生在大学毕业后进入社会工作，因此为避免学生纸上谈兵、好高骛远，首先希望老师在授课时多讲述生产经验和与企业生产相关的知识，多让学生到企业中去锻炼；其次要求教师具有工程背景，上课时可以用工程实例进行讲解，这样就可以较好地完成部分企业需求的培训工作；最后，企业希望教师都进企业挂职，通过交流可以互相地提高知识的深度和广度。企业员工可以提高知识能力，教师可以学习企业管理及相关知识。

1.3.5　如何采用企业的意见及相应的措施

企业关心的问题是创收；而教学的目的是让学生学习新知识、新方法、新思想，两者在一定的情境下必定存在矛盾。怎样协调企业的意见与教学的关系，是专业发展的一个新思路。对于企业所提出的问题高校也不能照单全收，而是需要考虑社会需求，立足实践，深化理论知识教学。达到这种平衡需要做到以下几点。

（1）高校在修订教学培养大纲时，应邀请企事业单位相关负责人来学校讨论，或者电话咨询相关的专业课程设置问题；应综合考虑学校的学时要求、核心课程要求，并在这个基础上，考虑增加企业提出的课程为选修课程。

（2）关于实习，高校要坚持成熟的教育模式。一般而言，企业迫切希望学生一进入生产单位就可以进行生产，但是没有考虑学校是为国家培养储备人才的地方。学校除了培养企业所需要的人才，还要培养有更高志向的学生进入更高的层次深造，为国家培养储备更高层次的人才。我们生产实习的目的是让学生全方位地了解该专业的工作方向、核心内容，因此只能尽可能地考虑企业需求并加入实习当中。

（3）关于心理素质、文化道德素质、思想政治素质等综合素质的培养，学校除了有专门的课程要求之外，专业还会要求教师在授课时多提及相关的工程能力，讲述学生在工程能力中需要做什么事情，怎样做事情，尽量多给学生进行心理辅导，以达到较好的培养水平。

（4）对于学生品质的培养，学校需要针对不同的学生进行差别培养。目前学校的导师制度建设有一定的提升。教师需要在课外时间深入学生的学习生活，加强课下交流。

1.4 地方高校环境类专业学生培养现状

1.4.1 专业特征

多学科交叉的工程应用和工程应用场景复杂多变是环境工程专业的主要特点。环境工程专业起源于人类为解决社会共同面临的各种污染问题和环境恶化问题，是工程、科学和社会等学科交叉而形成的新型学科。在社会和经济发展过程中，人类的工业化和城镇化活动对自然环境造成各种不利影响，典型表现为各种环境介质（如水、空气和土壤等）受到不同程度的污染。为解决上述环境问题，我们需要具备市政工程、化学工程、机械工程、电气工程、大气科学、土壤学等多种科学和工程专业的相关知识。在工程设计和运行过程中，还需要考虑工程目标对社会和环境的影响。此外，环境工程专业还具有工程应用场景复杂多变的特点。在处理这些问题的过程中，往往需要设计精密、复杂的工艺流程，而且不同地区和行业的具体情况还存在较大差异，使得工程应用场景的复杂性进一步加剧。此外，随着全球变暖、塑料污染等问题被广泛关注，环境工程专业的工程内涵与外延还在不断扩展。

1.4.2 学生培养

近年来，我国环保事业快速发展。环保行业已成为新兴的支柱性行业。社会对高质量环境工程专业人才的需求量持续增加。总体而言，环境工程专业学生毕业后主要从事以下三类工作：一是进入各级政府的生态环境管理部门、规划院或其他科研单位等从事管理、研究等方面的工作；二是进入工矿企业开展环保设施的运行或技术开发等工作；三是在环保技术公司、环评机构、监测机构、环保咨询公司等从事环保服务和制造等专业技术工作。就地方高校而言，由于前两类单位就业容量小，所以大部分学生毕业后从事第三类工作。桂林理工大学开展了长期的环境专业毕业生追踪调查，结果显示，大多数毕业生都进入第三种类型的单位，从事与环保工程紧密结合的技术服务工作。

尽管地方高校向环保企业培养和输送了大量环境专业类人才，但就业单位的反馈结果显示，环境工程专业本科应届毕业生普遍存在工程能力不足的现象。这主要表现在：①实际动手能力不足，不具备初步独立开展工程设计、技术研发和设备运行的能力；②对环保领域里特别是各细分方向出现的最新技术了解较少，知识储备与行业发展脱节；③工程实践经验不足，难以应对工程技术应用过程中出现的复杂技术问题。出现这种现象的主要原因在于环境工程专业教育大部分还处于传统的“科学技术与知识传授型”方式，对于学生工程能力的培养方面还存在较多不足。

过于强调课程理论学习的广度和环境问题的复杂性，会削弱环境专业人才培养中工程能力培养的精度，导致学生的培养质量方面出现了工程能力不足的问题。环境工程专业由多学科交叉发展而成，其课程体系具有高度的特殊性，具体表现为课程理论学习广度大，而工程学习的精度不足，从而造成工程实践能力的培养精度相对下降。与其他传统工科专业如土木工程、化学工程和交通工程等不同，环境工程专业源自多学科在环境问题治理中的交叉应用，而非相对较窄的学科知识应用。而环境问题又具有多尺度、多维度的特点，使得环境工程专业在课程设置上必须保证较高的广度，以保证学生可以应对复杂环境问题。但是，复杂的多学科交叉形成的课程设置削弱了环境工程专业人才培养中关于工程能力培养的精度，会导致学生在能力培养方面出现“样样精通、样样稀松”等问题。因此，如何在保证学生人才培养知识体系广度的同时，聚焦学生培养精度，并采用措施定向强化其工程实践能力，成为地方高校环境工程专业人才培养质量提高的关键。

第2章

立德树人融入专业建设全过程

习近平总书记在2018年全国教育大会上指出："要把立德树人融入思想道德教育、文化知识教育、社会实践教育各环节，贯穿基础教育、职业教育、高等教育各领域，学科体系、教学体系、教材体系、管理体系要围绕这个目标来设计，教师要围绕这个目标来教，学生要围绕这个目标来学。"因此，一流本科专业建设和课程建设必须紧紧围绕立德树人这个目标来开展。全体教师要深入理解立德树人的内涵，增强立德树人的责任感和使命感，把立德树人的任务要求内化到专业建设和课程建设的各个方面、各个环节。

2.1 "三全育人"体系

2.1.1 "三全育人"理念

所谓"三全育人"，是指全员育人、全程育人和全方位育人，是中共中央、国务院《关于加强和改进新形势下高校思想政治工作的意见》中的重要战略部署。"三全育人"理念，以习近平新时代中国特色社会主义思想为指导，坚持和加强党对高校的全面领导，紧紧围绕立德树人的根本任务，以全面提高人才培养能力为关键。具体解析下来，全员育人是扩大育人队伍和提升育人质量的关键，是"三全育人”的基础，强调全体教职工的有效参与，包括党政干部、思想政治课教师、专业课教师以及后勤管理人员等；并联合家庭和社会的力量，致力于形成协同效应。“三全育人”不仅作为一种先进理念，同时作为一种有效方法，引导着高校思想政治教育改革的方向，还为解决现实问题提供了新的思路。在新形势下，基于“三全育人”理念导向的高校思想政治教育改革实践势在必行。

2.1.2　“三全育人”建设思路

桂林理工大学环境科学工程学院（以下简称环境学院）以思想政治工作贯穿新工科人才培养的教育教学全过程为起点，从教书育人、学生成长成才、思想政治工作三个部分，落实主体和监督“两个责任”，积极构建课上—课下立体支撑党建的工作模式，以深入探究思想政治工作体系中育人元素和育人逻辑为重心，进而探索构建多层次、多渠道、全时空的“三全育人”一体化育人体系；以形成全员、全过程、全方位育人格局为目的，培养社会主义事业建设者和接班人，培养担当民族复兴大任的时代新人。“三全育人”体系实施思路见图 2-1。

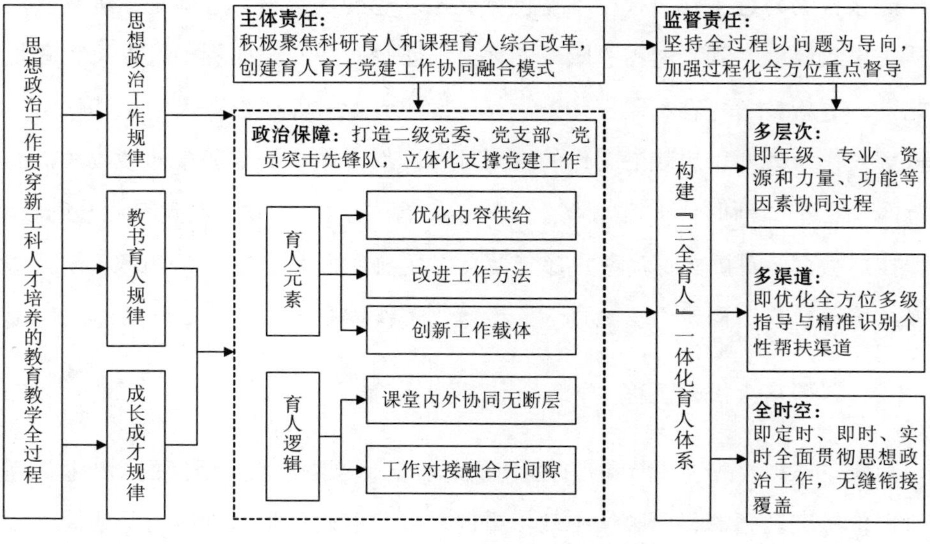

图 2-1　“三全育人”体系实施思路

推动“三全育人”体系建设需要各环节协调配合，有效调动师生主体意识并使其参与教育教学全过程，达到思想政治工作系统各因素和效能平衡，促进思想政治工作贯穿新工科人才培养的教育教学全过程并综合各要素，聚合转化，实现思想政治工作促进新工科大学生成长成才的目标。

构建“三全育人”体系，尝试从以下几条路径切入改革：一是要把握课程方向，确立整体协调、系统教学的目标理念；二是要提炼教学内容，优化教学资源，设置精品化教学单元；三是要设计教学过程，营造课堂内外相结合的师生互动交流氛围；四是要立足学生本位，健全有效地引导机制，激发学生主体性；五是要提高教学水平，加强专业教师队伍的建设和管理；六是要推进教育保障，完善课程教育教学评估体系。

2.1.3 “三全育人”实施途径

2.1.3.1 课程育人提升工程

深入推动习近平新时代中国特色社会主义思想进教材、进课堂、进头脑，探索从“思政课程”到“课程思政”的育人新路径，在专业课程中融入思想政治教育元素，更新教学内容和课程体系，充分发挥专业教师课程育人的主体作用，将课程育人作为教师思想政治工作的重要环节，作为教学督导和教师绩效考核的重要方面。推进 “新时代大讲堂”，开设“学科育人示范课程”，创建专业基础教育、工程技能教育、创新素质教育并行交叉又相互融合的“三位一体+思政”创新型应用人才培养模式，构建“三全育人”一体化工作体系。

2.1.3.2 科研育人提升工程

科研工作需要改进环节和程序，将思想价值引领贯穿科学研究的全过程，完善科研评价标准，强调科研教学中政治方向、价值取向和学术诚信的重要性。打破传统教学模式，构建“科教融合”的协同育人新模式，通过科研反哺教学、科技创新反哺人才的培养模式，构建和完善科研育人体系。通过报告会、访谈、项目成果展览等途径和方式，有效培养学生的实践能力和创新能力。实施科研创新团队培育计划、科教协同育人计划、“产学研”合作协同育人计划，培养科研育人示范项目、示范团队。加大对学术名家、优秀学术团队先进事迹的宣传教育力度，大力培育“全国高校黄大年式教师团队”。

2.1.3.3　实践育人提升工程

教学应丰富实践内容，创新实践形式，引导学生在实践中了解国情、磨炼意志、追求真知、锻炼才干，切实增强社会责任感和创新意识。环境学院在开展好大学生暑期“三下乡”“志愿服务西部计划”等传统经典项目基础上，组织实施好“爱洒彭安涛，助梦小树苗”志愿服务项目，积极组织开展“红色基因代代传”“‘一带一路’社会实践专项行动”等新时代社会实践精品项目，继续参与学校“百千万”项目，并利用好灌阳等校外实践基地，结合校内地质博物馆，开展好专业实践学习。环境学院加强创新创业教育，贯彻落实学校“一学院一特色、一学科一竞赛、一技能一比拼”的工作要求，突出环境特色，推动专业竞赛平台建设。

2.1.3.4　文化育人提升工程

教学应推进中华优秀传统文化教育，响应学校“大学生传统文化社团活力提升工程”，挖掘革命文化的育人内涵，有效利用红色教育实践基地等开展革命文化教育。开展社会主义核心价值观主题教育活动，推广展示一批社会主义核心价值观教育典型案例，通过开展环境学院“‘人物’年度评选”“党员身份亮出来”等活动，选树宣传一批践行社会主义核心价值观的先进典型。挖掘校史、校风、校训、校歌的内涵，以“环境文化长廊”为抓手，弘扬“桂工精神”。以文化人、以文育人，建设积极、健康、高雅、向上的校园文化。

2.1.3.5 网络育人提升工程

树立互联网思维，创新教育载体和工作方式方法，推动思想政治工作的传统优势与信息技术高度融合，提高利用新媒体开展思想政治工作的能力。拓展网络平台，推动“易班”、微信、微博、QQ、公众号和网站建设，筹建“名号”“名栏”“名篇”等栏目，建设学院“网络新媒体矩阵”。丰富网络内容，挖掘网络教育资源，精心塑造形式多样、内容丰富的网络文化品牌，培育优秀网络文化成果。强化培训，建设一支政治强、业务精、作风硬的网络工作队伍，使“易班”学生工作站、新媒体工作室、新闻中心、团委宣传部等组织的学生干部运用新媒体、新技术不断提升工作能力。塑造活动品牌，组织开展“‘易班’网络班级”“易月之星”等网络文化建设活动，营造浓厚的网络文化活动氛围。

2.1.3.6 心理育人提升工程

环境学院党政领导主抓学生心理健康教育工作，建立心理健康教育长效机制，把心理健康教育纳入人才培养方案，针对不同专业的大学生开展学习生涯规划工程，定期组织心理健康教育主题活动，针对性地开展特色心理健康教育。构建学院、班级、宿舍三级预警防控体系，制定心理危机干预预案，坚持育心与育德相结合，努力构建教育教学、实践活动、咨询服务、预防干预、平台保障“五位一体”的心理健康教育工作格局。

2.1.3.7 管理育人提升工程

深化开展以“亮标准、亮身份、亮承诺”“比技能、比作风、比业绩”为主要内容的“三亮三比”活动，实施学生“助管助教”计划。加强教师队伍管理，把思想政治素质作为选聘教师素质考核的重要依据，明确岗位育人职责，引导师生立足岗位，提升素质、创先争优，培育一批“管理育人示范岗”，建立考核评价激励机制，把育人能力纳入管理岗位考核评价范围，严格查处违反师德和学术不端的行为。

2.1.3.8　服务育人提升工程

构建全员服务协同机制，形成与后勤、图书、医疗、保卫、教务、就业等相关部门联动的格局，落实服务育人要求，建立“服务育人示范岗”，全面提升教育教学、管理工作的指导与服务质量和水平，树立一批服务育人的先进典型模范。

2.1.3.9　资助育人提升工程

加强工作顶层设计的资助，建立资助管理规范体系，构建资助育人长效机制，积极开展“扶智”工程，有效融合物质帮助、道德浸润、能力拓展、精神激励，总结一批资助育人优秀案例；建立精准资助工作体系，加强学生自主管理和监督能力，确保资助对象、资助标准、资金分配、资金发放精准到位。

2.1.3.10　组织育人提升工程

大力推进“强基固本”工程和“创优争星”工程，完善党支部书记抓基层党建述职评议考核制度，融入“三全育人”考核内容；选优配强党支部书记，深入实施教师党支部书记“双带头人”培育工程，凝练并推选一批党建优秀工作案例，选树一批优秀共产党员和党务工作者；发挥各类群团组织的育人纽带功能，以党建带团建，有效引领教育载体，形成工会、共青团、学生会等群团组织合力育人的局面。

2.2　主题教育

在环境学院党委领导下，环境学院始终围绕主题教育，以支部建设和支部活动为依托，深入创建党建示范点、开展“争当优秀共产党员”活动，努力构建主题教育长效机制。经过一年多的实践，环境学院主题教育活动形成了制度规范，并在此基础上，不断巩固和扩大主题教育活动成果，推动主题教育活动科学化、规范化和常态化。

2.2.1 认真总结，为建立创先争优长效机制提供科学依据

为推进主题教育开展，环境学院党委高度重视，并成立工作领导小组，多次召开专题会议，部署相关工作。在学院党委的正确领导下，通过广大教工、学生支部党员积极探索，环境学院主题教育活动开展得有声有色，党建工作呈现出良好的发展态势，主题教育活动逐步形成了规范化机制。

2.2.1.1 多方位、多层次拓宽创先争优意识

环境学院创先争优活动以创建党建示范点、开展争当优秀共产党员活动为主要内容，多方位、多层次拓宽创先争优意识：一是明确承诺内容，把重点放在推动博士点建设中心工作、履行岗位职责、为民排忧解难、加强自身建设上；二是创新承诺方式，继续坚持年度承诺、实事承诺、专项承诺“三位一体”；三是严格承诺程序，坚持采取调研走访、提出事项、审核确定、公开公示等步骤推进公开承诺；四是抓好履诺评诺，上级党组织对党支部、党员承诺践诺情况要建立台账，动态管理，加强督促检查。在承诺中，各支部以“五个好”为目标，努力创建先进基层党组织；所有党员同志以“五带头”为标准，力争成为优秀共产党员。

2.2.1.2 建章立制保障主题教育长效机制

环境学院成立由院党委书记担任组长的党组织建设活动领导小组，负责本院主题教育活动的组织实施，活动的整体实施主要从以下三个方面着手。

（1）开展业务学习

环境学院各党支部在学院党委中心组成员的指导下，采取专题辅导、学术报告、研讨交流、组织生活等多种形式，定期组织广大党员集中学习党建工作的理论政策。

（2）组织专题调研

环境学院党委成员经常深入科室、深入党员、深入师生群众，开展党建工作专题调研，进一步摸清党建工作特别是党支部创先争优活动开展的情况，广泛听取各党支部和广大党员、群众的意见和建议，找准本院党组织建设中存在的突出问题，有针对性地研究提出固本强基、克难治薄的对策建议。在此基础上，召开专题会议，针对环境学院党组织建设中存在的困难和问题，研究提出解决办法和具体措施。

（3）加强建设力度

党委书记定期召开党支部书记会议，部署党建工作。专人负责党建工作，成立学生党建办公室，定期检查各支部活动开展情况。各支部每月开展主题教育组织生活会，总结工作经验。

2.2.2　结合自身实际，构建学院主题教育长效机制

环境学院将根据自身的实际和特点，在推动科学发展、促进校园和谐、服务师生员工、加强基层组织等方面，建立健全主题教育长效机制。教工支部和学生支部的创先争优活动的侧重点不同，教工以教学科研为导向，稳步推进博士点建设中心工作；学生以科技活动为依托，带动环境学院学风稳步提升。

2.2.2.1　围绕教学科研工作，构建教工党支部主题教育长效机制

规范教学检查制度。要求教工党员在教育、教学、教研工作中认真履行自己的职责，充分发挥骨干作用，备好每一节课、上好每一节课、教好每一个学生。在学校教务处的有关教学检查制度的基础上，环境学院建立常规教学检查制度，完善和细化相关规定，如由教研室主任和教工支部负责制度、教学材料提交制度、定期公开课制度、定期听课制度、学生意见反馈制度等，实现教学检查的常规化，促进教师师德和教学水平的提高，保证教工党支部长效机制的有效开展。

新老教工结对培养制度。突出主题教育，突出党员干部的引领示范作用。将

主题教育活动与师德教育、教师队伍建设紧密结合，开展老党员教师示范课活动，发挥老党员教师“传帮带”作用，以老党员教师带新教师，促进青年教师成长。对师徒间的帮教活动进行跟踪管理，通过备课、教学反思及论文等形式定期检查“徒弟”的学习进展及业务素质，通过听课等形式定期考察新教师的专业素质和课堂能力。

2.2.2.2 围绕科研创新，构建研究生党支部主题教育长效机制

环境学院研究生党支部立足研究生教育的科研特性，以博士点建设为中心，积极打造“科研创新型”团队，制定如下主题教育长效机制。

（1）依托实验室构建党员学习小组

研究生支部根据成员分布在各专业的课题组及每个课题组或者研究方向的党员具有地点集中、时间统一的特性，创新性地设立各实验室党小组，并指定小组组长，对党员的各方面动态进行细化管理，定期向支部委员会汇报。同时，由环境学院学生党委统一安排，遵循环境学院党员管理制度，加强对各党小组党员的考核，提高支部的管理效率。

（2）健全科研互助机制

研究生支部始终坚持以建设学习研究型、科技创新型、服务实践型党支部为主线，全面提升支部党员的学习能力、科技素质和服务意识，充分发挥支部的战斗堡垒作用。研究生支部党员基本上都是承担导师科研项目，具有较明显的专业特色。因此，研究生支部紧密结合研究生的自身特点，围绕研究生的思想政治教育以及专业学术创新等内容，以提升研究生党员的学习能力、加强研究生党员党性修养、提高研究生党员知识素养为出发点，提出了党建进实验室机制，指导成立科研党小组和科研先锋小组。

2.2.2.3 围绕学风建设，构建本科生党支部主题教育长效机制

环境学院作为学校本科生导师制试点单位，学生党员在学生科技、学风建设、

安全稳定方面发挥着重要的表率作用。

（1）健全理论学习机制

充分利用支部QQ群、微博、网上党校、影视材料等平台进行学习交流，采用座谈交流、参观烈士陵园、走访新农村等形式进行全方位的思想政治教育，加强党内理论学习，提高党员的政治觉悟，积极构建线上、线下相结合的科学教育培训体系。此外，学院党支部还创新性地把思想政治学习同专业本领学习结合起来，寓教育于学习过程和科学研究过程之中，以身作则，以一人带动一片，真正做到一个党员一面旗帜，一个党员一个堡垒。

（2）建立健全党员示范机制

榜样起着很大的作用，对发挥示范带动作用的党员干部，给予适当的奖励，不仅能够挖掘其潜能，还能带动其他的党员干部发展。提高党员干部各方面的能力，力争做全面发展的人才，成立若干个小组，每个月由一个小组组织至少一次公益活动，活动必须有实在的意义，不能敷衍了事。例如新生开学时，可设学生党员新生答疑处、新生党员接待点，展现党员学生的良好风貌；校运会时，同样可以设立党员服务点，为各位运动员服务。

（3）建立模块化管理制度

“主题教育”板块中，将学生支部与所属班级联系起来评价，班级的建设与学生支部息息相关，党支部和学生党员要积极与班级、寝室对接交流，举办各类经验交流活动。其中，班级的全国英语四级、六级考试通过率，全国计算机等级考试通过率都将影响本支部的评分，班级、寝室的违纪情况也会与支部工作挂钩。

（4）建立目标管理制度

学风建设方面，将支部党员奖学金获得、参与大学生科技立项、参加“挑战杯”活动以及参与学习竞赛的情况作为评价支部工作的重要依据，积极鼓励学生党员争做学习和创新标兵。党风建设方面，要抓好党风纪律，根据往届多次会议情况，很多党员同学开会时穿着随便、衣着懒散，必须要杜绝这种情况，如有发生，当场点名批评。

（5）完善党员服务机制

针对本科生的实际情况，在服务师生员工方面，支部鼓励支部党员着重在科研交流、扶带本科毕业设计、引导学生科技立项等方面开展服务工作，密切联系群众，带头服务群众，争当“五带头”优秀党员，努力完善支部党员服务机制。本科生党员在党建办公室的组织下，定期开展形式多样的志愿服务、经验交流、主题实践活动。

2.3 师德师风建设

良好的师德师风建设是创建优良教风和学风的前提，是学校办学质量和竞争效益的保证，也是实现学校发展战略、构建“特色鲜明的高水平理工大学”的现实需要。学校的师德师风建设关系到学校的校风和学风建设，关系到学校的办学方向和人才培养目标。教师作为高校思想政治教育重要的智力输出结构，其综合素质水平直接影响学生教育工作的成效。

2.3.1 教师队伍

环境学院党委始终坚持“评价教师队伍素质的第一标准应该是师德师风”这一理念，以加强教师的理论修养、思想政治教育和职业道德教育为目标，教育和引导广大教职员工模范履行岗位职责，并多渠道开展师德教育。

2.3.1.1 坚持将教师理论修养与思想政治教育贯穿教育教学全过程

环境学院持续加强教师的思政教育工作，用习近平新时代中国特色社会主义思想武装教师头脑，组织教师系统学习了教育部《关于建立健全高校师德建设长效机制的意见》《新时代高校教师职业行为十项准则》、教育部《关于高校教师师德失范行为处理的指导意见》等文件，不断巩固和提高教师的理论修养和思想政治素质。

2.3.1.2　抓好骨干教师队伍建设，培养学科发展中坚力量

始终抓好骨干教师梯队建设，环境学院建立了《学院党委领导联系高层次人才制度》，深入重点实施青年人才培育计划、全国高级人才引进计划、教师个人能力提升计划、海内外优秀人才引进计划等，大力推进学科点教师队伍发展。

2.3.1.3　弘扬师德师风先进典型，营造崇尚师德、争创师德典型的良好舆论环境和氛围

环境学院弘扬学科点特有的艰苦奋斗、团结协作、甘于奉献、敢于胜利的“攀登者精神”，创设了“攀登者精神”教育系统化格局，利用“环院好老师”微信平台、学院“E 班”新媒体平台，建立了弘扬“攀登者精神”的主阵地，树立了 6 个甘于奉献、团结协作好老师榜样，设立了 20 个“榜样引领前行”党员先锋岗。

2.3.1.4　完善师德师风监督和激励机制，强化教师自觉履行教书育人职责

环境学院制定了《环境学院教师本科教学行为规范》，有效防止了师德失范行为；进一步完善教学单位师德师风考核评价体系，纳入了学院、学生、教师、家长“四位一体”的监督网络；强调师德师风在评优评选、职称评审、岗位聘用、评优奖励等环节中是首要条件；颁布《环境学院教师学术不规范行为惩处条例》，规范教师遵守职业道德的行为。通过强化师德监督和激励机制，充分激发教师将师德规范转化为稳定的内在信念和行为品质。

2.3.2　辅导员队伍

环境学院深入学习贯彻全国教育大会和全国高校思想政治工作会议精神，紧紧围绕立德树人根本任务和“培养什么样的人，如何培养人，为谁培养人”的重要使命，加强统筹谋划、优化队伍结构、搭建成长平台，不断增强学生工作者的

思想自觉、政治自觉和行动自觉，做新思想的坚定信仰者、积极传播者、忠实践行者。

2.3.2.1 强化顶层设计，打造完善制度之“范”

环境学院把辅导员队伍建设工作纳入学校重点工作，整体规划、统筹安排。落实党委主体责任，形成党委书记主抓、分管校领导具体负责、职能部门协同推进的工作格局，每学期学校党委专题听取辅导员队伍建设汇报。制定并实施了《桂林理工大学一线专职辅导员岗位设置与聘用办法》，选优配强辅导员队伍。近两年，学校通过组建辅导员招聘团队赴全国 20 多个省（区、市）进行宣讲、优秀本科毕业生免试攻读硕士学位研究生（辅导员专项计划）、选聘兼职辅导员（青年人才成长计划）等措施，严把辅导员政治关、入口关，在区内高校率先完成了学院结构和专业结构优良的岗位配备（专职辅导员师生比不低于 1∶200）。

2.3.2.2 深化主题培训，夯实思想素质之“基”

桂林理工大学制定了《桂林理工大学辅导员队伍培训规划》，完善以思想政治理论教育、专业素养提升、职业能力培养为核心的辅导员培训内容体系，推进辅导员培训制度化、规范化、常态化，不断激发辅导员成长内生动力，争做“四有”好老师。连续两年邀请专家学者为学校新入职辅导员做题为《新时代高校辅导员师德养成路径》的专题报告，取得了较好的成效。此外，学校高度重视辅导员的思想建设，一方面设立了桂林理工大学辅导员成长论坛，定期邀请国内知名专家学者、地方党委和政府工作人员做专题辅导；另一方面开展辅导员实践教育，先后组织辅导员赴延安、井冈山、西柏坡、中共一大会址、嘉兴南湖等红色革命根据地开展红色主题教育，为辅导员队伍筑牢思想之基。

2.3.2.3 优化育人平台，创新履职尽责之“核”

桂林理工大学成立了高校辅导员之家、辅导员工作坊和辅导员发展研究中心，形成“一家一坊一中心”的建设格局，启动辅导员工作室和辅导员研究团队建设；每年开展校级优秀辅导员评选和表彰活动，树立工作榜样，发挥先进典型示范引领作用，培育出一批骨干辅导员及明星辅导员。着力推进日常思想政治教育工作课程化建设，率先开设校本课程“大学生成长成才教育”，实现学生从大一入学到大四毕业四年生涯周期不断线，成为学校开课周期最长、覆盖学生最广、与学生思想实际最紧密、在学生心目中感情最深的一门校本课程，并组织编写了校本化教材，努力打造学生思想政治教育“金课”。全体辅导员通过集体备课、案例分析、教学方法研讨等形式，提高了执教能力和教学水平，形成“稳定上讲台”的讲课机制，增强了辅导员对自身思政教师身份的认同感和价值感。通过课程思政建设，调动每一位辅导员参与课程思政建设的积极性、主动性和创造性，将立德树人贯穿教育教学和学生成长成才全过程。

2.4　课程思政

2.4.1　思政教育常见问题

思政教育是新时代素质教育培养全面发展的高素质人才的重要举措之一。习近平总书记在全国高校思想政治工作会议上强调，各类课程都要与思想政治理论课同向同行，形成协同效应。这就要求各行业专业教师及时调整教学方向，处理好专业教学与价值观引领的关系，提高学生的思政素养。如今的大学教育体系中，思政教育所占的比例非常小，而且学生所能接触到的思政教育往往局限于思政课堂，其他专业教师在授课的过程中更注重专业课知识的传授，而忽视思政元素的融入，错过对于学生德育的引导机会。此外，目前已存在的思政课程往往形式简单，内容单一，不容易引起学生的兴趣。大学中各学科之间存在天然的差距，思政教师和专业课教师之间没有有效的沟通渠道，导致思政教育与专业课教育难以形成有效的协同效应。部分专业课教师自身缺乏思政教育的基础，往往容易将自身具有很强局限性的观点灌输给学生，给思政教育造成负面影响。此外，专业课教师对专业思政教育的理解不深入，误认为是要将思政教育元素生硬地加入专业课程中去，打击了专业课教育的积极性。

传统工科专业教师来源于其所在学科专业，往往对于思政教育不熟悉、不重视。如何打破传统学科专业建设的惯性思维和路径依赖，在课程体系、教学内容中充分融合思政元素是当前传统专业改革的难点之一。此外，将思政教育元素融入专业课程教育，在桂林理工大学乃至全国都是一个较新的教学改革，如何在缺乏经验的情况下，创新性地将思政元素与专业教育深度有机融合，是行政管理部门和一线专业教师面临的主要困难。从学生角度来看，理工科学生普遍在思政教育方面基础薄弱，对时政信息缺乏足够的兴趣，考虑问题偏向批判性思维，缺乏辩证性思维，因此对相对复杂的社会问题缺乏深度的思考，往往难以理解思政教育的内容，这就需要教师层层递进、抽丝剥茧般地为同学讲解。一般来说，独立的思政教育理论性较强，脱离学生的现实生活，如果能将其融入专业课的课堂中，就能体现其实际的作用价值。

2.4.2 思政课程建设有效策略

2.4.2.1 完善思政教育体系

完善思政教育体系是教师在专业课中渗透思政的基础，专业课要以专业技能的教学为主，以思政教育为辅。为避免部分教师本末倒置，制定科学化的教学目标和纲要就显得尤为重要。所以在授课之前教师需要明确专业课堂上需要完成的各项目标，其中包括专业技能目标、能力目标与情感目标，教师可以依据学生的个性特点和能力水平制定由易到难的培养目标。通过这种方式既保证课堂知识的学习，又保证学生思政知识的塑造。教师可以收集不同的案例，将教学目标、教学环节与教学评价活动有机结合，例如，可以从收集华北地区淡水资源匮乏、植被破坏、生态污染等环境问题入手，明确授课目标，以探究提问等形式开展教学活动。

2.4.2.2　发掘专业课思政元素

环境工程专业课程包括多种类型，每一门课程都有其独特的语言表达方式和育人价值，所以在学习不同的专业技能时教师要充分挖掘课程中的思政价值，通过梳理有助于思政教育的专业性知识点，挖掘其潜在元素，再利用合适的方式将思政元素通过专业知识表达出来。例如“固体废物处理与处置”课程中多数知识点都巧妙契合了“绿水青山就是金山银山”理念，不断地宣传绿色可持续发展、生态保护与资源循环利用的理念，同时教师可以充分发挥专业知识的优势，让学生自主总结生态文明的理念，提高学生环境保护的意识，引导学生体会命运共同体的含义。

发挥专业课程的优势不仅可以从专业课本中寻找知识点，还可以利用网络媒体、思政课本等将职业理念、团队意识、敬业精神的教育元素融入理论知识中，将专业知识与思政元素归纳总结，按照一定的规律对二者进行生态重构，实现在专业课堂上穿插思政学习的目标。

2.4.2.3　关注国内外社会环境问题

专业课老师在讲授有关国家政策方面的内容时，可以将我国现阶段取得的生态建设成就通过网络等手段传达给学生，例如在控制水污染的教学中，教师可以以太湖为例，将治理中的法律法规、治理标准、制度规划、应急防控、经济效益等多方位的成就介绍给学生。通过案例不仅能让学生理解专业的知识内容，还可以感受到国家对治理生态环境的重视程度，增强民族认同感与自豪感。我国的环保法规、治理技术随着生态环境问题的变化而不断变化，国家为环保事业做出的努力有目共睹。专业课教师应该积极关注时政热点，追随国家环保事业的发展方向，将技术与法律准确地教给学生，让学生确立具有时代性的发展方向，为今后环保事业的长足发展奠定理论基础。

2.4.2.4 利用实践服务社会

任何理论学习都离不开实践。教师在教学过程中可以通过现场教学让学生直观地接触治理过程，对运行机制、应用技术等专业知识进行实践学习。在环境类专业的实践环节中教师可以加入一些公益活动，例如服务社区、宣传垃圾分类、开展水的二次利用等活动；还可以去农村实地考察生态环境问题，普及禁烧秸秆的环保知识；或者对学校周边的河流进行监测，对污染河流的原因进行分析，提出治理方案。这些实践活动对学生的思想政治素质形成潜在渗透，让学生在实践中感受环保事业的意义并获得成就感，从而更加理解环保事业的发展意义。教师可以让学生在进行宣传活动之前先收集相关资料，熟练掌握环保知识与治理并制定符合实际的策划与方案，解答提出的困惑，完成治理目标。社会实践活动不仅能提高学生对专业知识的掌握，还能提高学生自身的综合实力，为今后的工作提供实践经验。

良好的思政课程教学就是要将思政内容和专业课有机地结合起来，将爱国主义教育和职业道德素养等思政内容融入高校日常的学科建设和教学中，提高专业课教学的深度和广度，让学生的自我价值追求与新时代发展要求有机结合，“肩负时代责任，高扬理想风帆，静下心来刻苦学习，努力练好人生和事业的基本功，做有理想、有追求的大学生，做有担当、有作为的大学生，做有品质、有修养的大学生”。

第3章

专业发展定位、人才培养目标与培养标准

3.1 专业发展定位的意义

从高等教育学的角度看，所谓专业，广义上是指知识的专门化领域；狭义上是指与培养人的活动相联系时的一种培养人才的基本单位，或一种教育实体。高等教育实际上是一种以学科为本的专业教育，这种专业教育要求在一定的专业结构中实施。专业结构是学科结构与学科分类在人才培养上的体现。所以，可以认为学科是知识体系及方法论，是现代大学的立学之本，而专业则是课程和教学的组织形式。高校的首要任务是人才培养，专业建设则是高校人才培养的核心工作，专业建设的好坏不仅影响着学校的学科结构、布局及其长远发展，而且直接影响人才培养质量，进而影响社会经济发展。

专业建设的首要决定因素就是专业定位，直接影响专业建设中的其他内涵要素，属于专业建设的顶层设计。专业定位大致涵盖专业建设规划、人才培养目标定位、与学校办学定位和专业结构布局的关系等方面内容。专业建设规划是专业发展的目标计划，通过人才培养目标定位可以明确人才培养的层次类型和该专业

人才的主要服务范围，与学校办学定位和专业结构布局的关系则是学校和专业办学指导思想的体现。所以，专业定位是专业建设中的基础和顶层设计。没有清晰的专业建设规划就谈不上专业的长远发展，人才培养目标定位直接影响课程体系的设计、教学方法的运用及师资的配置等各方面，进而影响专业人才培养的质量与水平。专业定位与学校办学定位和专业结构布局之间的关系不仅影响专业建设规划的制定和落实，而且对学校的整体发展和规划也有一定影响。同时，专业定位是否准确，影响该专业人才培养目标的正确制定及人才培养模式的有效构建与实施，从而直接影响人才培养的类型和质量。

3.2 学科专业一体化建设

随着新一轮科技革命和产业变革，工程建设在社会中的作用发生了深刻变化，工程科技的进步和创新成为推动人类社会发展的重要引擎之一。这为工程教育创新变革带来了重大机遇，但这一机遇不再是简单的扩大规模、增加专业的传统机遇，而是倒逼我们反思工程教育、建设新工科的新机遇。

地方高校是我国高等教育的主体，2019 年教育部统计数据显示，地方高校与中央高校的机构数量比约为 10∶1，两校学生数量比也超过 8∶1（表 3-1）。探索培养适应新时代要求的工程技术人才，继而服务地方经济发展，是地方高校的使命所在，也事关其长远发展。

表 3-1 中央与地方高校本科学生数（2019 年）

类别	机构数/家	毕业生数/人	招生数/人	在校生数/人	预计毕业生数/人
中央高校	114	432 917	457 337	1 835 461	453 188
地方高校	1 151	3 530 502	3 855 543	15 672 743	3 890 403

来源：教育部 2019 年教育统计数据（http://www.moe.gcv.cn/s78/A03/moe_560/jytjsj_2019/qg/）。

在新工科建设进程中，地方高校专业定位应立足服务地方经济事业，主动对接地方与行业需求，倡导高校—政府—企业协同育人，创造适合新工科人才成长的环境，培养差异化的创新型工程技术人才，形成与中央高校错位发展的格局。

此外，地方高校尤其是行业院校转地方高校，往往部分专业有传统优势，基础较好。因此，传统工科院校，要通过发挥自身优势，凝练办学特色，深化产教融合、校企合作、协同育人，增强学生就业创业能力，培养大批具有较强行业背景知识、工程实践能力、能够胜任行业发展需求的复合型应用人才。

解决专业划分过细、学科专业壁垒明显等问题，需要推动学科专业一体化建设，完善校内协同机制。从国家、区域、学校三个层面分级开展一级学科建设，学科内集结相关专业群，建立学科专业负责人一体化建设机制，全盘考虑学科、专业建设，由学校学科办统筹学科、专业建设资金，集中建设和配置资源，建立交叉学科教师双聘机制。在实践层面，立项开展了“基于学部制的跨学科专业群建设”课题研究，打破院系壁垒，组建跨学科教学研究团队；以学科建设和学术发展为核心搭建创新平台，按课题组、研究中心等团体组织科研，促进学科交叉研究和研究成果向教学的转化；组建跨学科跨专业的学生创新团队和教师指导团队，开展大学生创新创业训练。

3.3　桂林理工大学环境类专业发展现状

3.3.1　专业特色与定位

桂林理工大学是一所中央与地方共建、以广西壮族自治区管理为主的地方高校。学校源于 1956 年国家重工业部在广西组建的桂林地质学校，经过多年建设与发展，已形成以工学为主，理、管、文、经、法、艺多学科协调发展的学科专业体系。桂林理工大学环境类专业主要包括环境工程专业和给排水科学与工程专业。环境工程专业的前身最早可追溯到 1956 年建校时的化学教研室以及 20 世纪 80 年代成立的应用化学系。1993 年在地球化学专业和分析化学专业的基础上成立了环境科学系，与桂林市自来水公司、桂林市环境保护局等单位联合创办了广西最早的环境工程专业；与桂林市自来水公司、桂林市排水公司、桂林市住房和城乡建设局、广西城镇供水排水协会联合创办了给排水科学与工程专业，并在广西壮族自治区内招收第一批专科生。1994 年开始面向全国招收给排水科学与工程专业本科生，1995 年开始招收环境工程专业本科学生；2000 年获批环境工程硕士学位、市政工程硕士学位授权点；2004 年开始招收环境工程领域、土木工程领域的工程硕士；2005 年获批环境科学与工程一级学科硕士学位授权点；2012 年获批教育部“卓越工程师教育培养计划”试点；2013 年获批环境科学与工程一级学科博士学位授权点；2014 年获批新设立博士后科研流动站。

桂林理工大学环境类专业拥有水污染控制国家级精品课程、国家级实验教学示范中心、国家级教学团队、国家级特色专业建设点，以及环境工程专业“卓越工程师教育培养计划”等高水平教学平台；拥有广西高校八桂学者、广西高校环境工程创新团队、自治区重点实验室（环境污染控制理论与技术实验室）、自治区自然科学基金创新研究团队、广西危险废物处置产业化人才小高地等科研平台。

2004 年桂林理工大学环境工程专业成为广西重点建设学科；2010 年环境工程专业被评为全国高校特色专业；2013 年环境工程专业入选教育部第一批地方高校综合改革试点专业，同年环境科学与工程一级学科获得广西优势特色重点学科；2016 年环境工程专业首次通过工程教育专业认证；2018 年获批新工科研究与实践项目（新工科背景下的地方高校环境类专业多方协同育人模式改革与实践），同年环境科学与工程一级学科入选广西一流学科建设名单，获批广西环境污染控制理论与技术重点实验室科教结合科技创新基地。

桂林理工大学是广西目前唯一一所具有给排水科学与工程专业学士、硕士授权点的高校。该专业分别于 2010 年和 2013 年被评为广西高校重点学科。2009 年水污染控制工程教学团队被评为国家级教学团队，2010 年给排水科学与工程专业教学团队被评为自治区级教学团队。2012 年该专业入选校级“卓越工程师教育培养计划”，2016 年获批广西壮族自治区优质本科专业（广西壮族自治区仅 15 个，其中桂林理工大学占 2 个）。该专业于 2008 年首次通过住房和城乡建设部本科教育专业评估，并于 2013 年通过复评。

3.3.2　发展面临的问题

环境工程作为典型工科专业，已形成较为完善的人才培养体系，培养了大批专业基础知识和理论较为扎实的工程人才。但是随着现代环境工程实践社会化和复杂程度越来越高，对人才素质和能力的要求也越来越高。环境类专业在人才培养实践中仍存在以下 3 个方面的问题。

（1）专业人文教育缺乏，与科技教育交叉融合不够，毕业生哲学思辨能力不足。地方高校环境工程专业较注重对学生工程技术知识的传授，与科技教育和人文教育的融合不够，没有发挥好工程文化这个无形的渗透性要素对工程创新的作用。

（2）协同育人多方共赢的长效合作机制未能有效建立，制约了创新创业人才的培养。现有的地方高校环境工程专业协同育人平台建设大多处于探索阶段，在内在动力、协调决策、经费投入、利益分配等机制方面难以满足创新创业人才培养的需要。

（3）协同育人的软硬件环境建设水平较低，学生创新的内在动力不足。地方高校环境工程专业由于起步晚，一方面在教学资源建设上投入不足；另一方面良好的创新文化氛围营造不足，难以激发学生创新的冲动和灵感。

因此，作为地方工科优势高校，在“新型”工科和“新兴”工科建设中，学校环境类专业需要通过发挥自身优势，凝练办学特色，深化产教融合、校企合作、协同育人，进一步推动教学改革，不断增强学生就业创业能力，培养大批具有较强行业背景知识、工程实践能力、能够胜任行业发展需求的综合型人才。

3.4 桂林理工大学环境类专业人才培养目标

3.4.1 环境工程的人才培养目标

环境工程人才培养目标为培养适应生态文明建设和绿色发展需求，符合国家、地方与行业的社会经济发展需要，具有可持续发展理念和良好专业素质的环境工程应用型高级专门人才。学生毕业后应该具备在节能环保工程公司、环境检测与技术咨询公司、工矿企业、环境管理部门、科研院所等单位从事环保领域的工程设计与施工、设施运行维护、环境监测、规划与管理，环境保护科学与研究和工程技术咨询等方面工作的职业能力，并期望在其毕业 5 年后能够成为所在单位的技术骨干或管理人员。具体培养目标如下。

培养目标 1：具有高尚的道德品质和良好的人文素养，恪守职业道德；

培养目标 2：具备创新意识、团队协作精神、沟通交流与社会服务能力；

培养目标 3：熟练掌握环境工程专业基础理论，具备专业技能，具有发现、分析及解决复杂环境工程问题的实践能力

培养目标 4：具备水污染防治、大气污染控制、固体废物处理处置、物理性污染控制和环境规划管理等领域的工程设计、环境咨询、技术开发与环境管理等能力；

培养目标 5：具有多学科知识交叉融合和迁移能力，能够终身学习，能主动适应环境保护事业的发展需求。

3.4.2 给排水科学与工程的人才培养目标

给排水科学与工程人才的培养目标为适应国家现代化建设和经济发展需要，德、智、体、美、劳全面发展，掌握学科的基本原理和基础知识，得到工程师基本训练，胜任给排水工程及相关领域的规划、设计、施工、运维管理、科学研究、

技术开发等岗位工作；具有扎实的理论基础、宽广的专业知识，较强的实践能力、就业创业能力和创新能力；具有良好的专业素质、社会责任感、一定的国际视野和可持续发展潜力的应用型高级专门人才。预期毕业 5 年后，能够成为给排水工程及相关领域工程一线技术骨干或管理骨干，在广西水工业领域发挥优势作用。具体培养目标如下。

培养目标 1：热爱祖国，具有健全的人格和良好的人文社会科学素养，遵守工程职业道德与规范，具有较强的社会责任感；

培养目标 2：具备适应国家现代化建设与给排水工程技术发展要求的、系统完备的自然科学基础知识、工程基础知识、专业基础知识等；

培养目标 3：能够综合应用给排水科学与工程知识和现代化工具进行工程的规划、设计、施工、运维、研发和管理，能够分析、研究和解决给排水工程中的复杂问题；

培养目标 4：能够在多元环境下进行有效的沟通和交流，具有良好的团队协作精神，具备自主学习和终身学习的能力。

3.4.3　环境类专业培养目标定位

3.4.3.1　专业培养目标与学校办学定位

桂林理工大学是中央与地方共建、以广西壮族自治区管理为主的，具有地质、材料、环境、旅游、土木、测绘、管理等学科优势，以工学为主，理、管、文、经、法、艺多学科门类协调发展的广西壮族自治区重点大学。学校以立德树人为根本任务，以培养适应行业与地方需求、品德优良、基础扎实、创新精神和实践能力强的应用型专门人才为目标。坚持“立足教育、服务行业、面向全国、走向世界”的目标，开展全方位、多层次、宽领域的交流与合作，为国家、地区、行业的建设与发展提供人才支撑、智力支持和技术服务。

环境类专业的人才培养目标与学校定位相适应。专业人才培养目标的确立，充分考虑了学校办学定位要求，依托环境科学与工程一级学科博士点，人才培养注重学生理论知识的融会贯通，突出环境工程实践能力培养，强化学生分析和解决复杂环境工程问题的能力。专业基础理论课程教学依托“水污染控制工程国家级教学团队”，以水污染治理为特色。在夯实专业基本理论课程教学的基础上，特别注重工程实践能力的培养和工程设计能力的训练，开设有金工实习、认识实习、生产实习、毕业实习、环境监测实践、水污染控制工程设计等多门专业实践类课程，着重提升学生分析和解决复杂环境工程问题的能力，为实现培养应用型高级专门人才的目标提供了有力的支撑。

3.4.3.2 专业培养目标与社会发展

展望21世纪，随着我国城市化进程的加快发展，大力推进建设自然积存、自然渗透、自然净化的“海绵城市”，节约水资源，保护和改善城市生态环境，促进生态文明建设、水的良性循环与推动可持续发展等成为人们普遍关注的主题。

中国不仅淡水资源缺乏，而且由于居民生活、工业、农业等不合理的开发利用，仅有的淡水资源受到不同程度的污染。2015年4月国务院正式发布的《水污染防治行动计划》（简称“水十条”），要求大力推进生态文明建设，以改善水环境质量为核心，按照“节水优先、空间均衡、系统治理、两手发力”原则，贯彻“安全、清洁、健康”方针，强化源头控制，水陆统筹、河海兼顾，对江河湖海实施分流域、分区域、分阶段科学治理，系统推进水污染防治、水生态保护和水资源管理。要求到2020年，全国水环境质量得到阶段性改善，污染严重水体较大幅度减少，饮用水安全保障水平持续提升，地下水超采得到严格控制，地下水污染加剧趋势得到初步遏制，近岸海域环境质量稳中趋好，京津冀、长江三角洲、珠江三角洲等区域水生态环境状况有所好转。到2030年，力争全国水环境质量总体改善，水生态系统功能初步恢复。到21世纪中叶，生态环境质量全面改善，生态系统实现良性循环。

环境类专业的开设是《水污染防治行动计划》、“海绵城市”理念、综合管廊理念得以实施和促进广西社会、经济发展的重要支撑，对给排水科学与工程专业的发展提供了良好的机遇，也提出了更大的挑战。桂林理工大学环境类专业紧密结合广西支柱产业中，以铝为主的有色金属产业、以系列中型轿车为重点的汽车产业、以制糖为主的食品产业、以炼油为主的石化产业、以钢铁为主的冶金产业等产业生产中的高浓度有机废水、有色金属矿山废水污染防治问题，以及北部湾经济区与岩溶石山地区水污染控制与水资源保护问题和广西城镇化建设等复杂工程问题，提出给排水科学与工程专业培养目标：培养服务国家、服务广西，培养理论扎实、实践能力强，培养具有良好的专业素质、社会责任感、一定的国际视野和可持续发展潜力的应用型高级专门人才。

3.5　人才培养的质量标准

根据工程教育认证的产出导向理念，要实现人才培养目标，需要制定相应的毕业要求，并将毕业要求细化为可观察、可衡量的指标，这些指标将成为评价人才培养目标是否达成的依据。因此可以认为，毕业要求及其指标是人才培养的质量衡量标准。

新工科建设指南（北京指南）指出：建立完善中国特色、国际实质等效的工程教育专业认证制度，把专业认证作为建设一流本科的重要抓手和基础性工程，用国际实质等效的标准引导专业教学，不断改进和提高专业人才培养质量。由此可见，新工科建设与工程教育认证具有内在的一致性，都是以产业需求为导向，以学生为中心，建立持续改进的高质量文化体系等。但是新工科建设更具有前瞻性，对专业建设具有更明确的指导性；而工程教育认证则更加强调国际实质等效，强调以人才培养的质量保障为重点，强调达成评价和持续改进的机制建设。

新工科建设强调，未来的工程人才培养标准应该具有以下核心素养：家国情怀、创新创业、跨学科交叉融合、批判性思维、全球视野、自主终身学习、沟通与协商、工程领导力、环境和可持续发展观、数字素养等。这与工程教育认证标准所强调的 12 项毕业要求是一致的。但是新工科建设的标准更加突出创新与融合。

3.6 环境类专业人才培养质量标准

为了培养符合社会发展和新工科建设要求，具有可持续发展理念和良好专业素质的环境工程应用型高级专门人才，结合自身学科优势和特色，环境类专业提出的12项毕业要求与工程教育认证标准的12条基本要求一一对应，见表3-2。

表3-2 环境类专业毕业要求与工程教育认证标准的基本要求对应关系

工程教育认证标准的基本要求	环境工程专业毕业要求	给排水科学与工程专业毕业要求
（1）工程知识：能够将数学、自然科学、工程基础和专业知识用于解决复杂工程问题	（1）掌握数学、自然科学、工程基础和环境工程专业基础知识和基本理论，能够运用其知识和理论解决复杂环境工程问题	（1）掌握数学、自然科学、工程基础和专业知识，为给排水工程实践提供基础
（2）问题分析：能够应用数学、自然科学和工程科学的基本原理，识别、表达，并通过文献研究分析复杂工程问题，以获得有效的结论	（2）能够应用自然科学和工程科学的基本原理，识别、判断、定性定量分析复杂环境工程问题的关键点、参数、影响因素和过程，借助文献研究分析复杂环境工程，获得有效的结论	（2）能够应用数学、自然科学和工程科学的基本原理，识别、表达给排水工程问题，并能通过文献研究，分析面临的非常规问题或新问题，以获得解决相应问题的有效方法
（3）设计/开发解决方案：能够设计针对复杂工程问题的解决方案，设计满足特定需求的系统、单元（部件）或工艺流程，并能够在设计环节中体现创新意识，考虑社会、健康、安全、法律、文化及环境等因素	（3）在国家法律法规和工程安全的前提下，充分考虑国家生态文明建设和绿色发展的社会需求，能够设计并开发出针对环境领域复杂工程问题的解决方案，特别是能够对新型城镇化过程中的水污染控制、大气污染治理、固体废物处理处置、环境规划管理等复杂环境工程问题中的系统、单元（部件）或工艺流程提出针对性的设计方案，并能够在设计环节中体现创新意识	（3）能够提出针对给排水工程问题的解决方案，设计满足给排水工程需求的系统、单元（部件）或工艺流程，并能够在设计环节中体现创新意识，考虑社会、健康、安全、法律、文化及环境等因素

工程教育认证标准的基本要求	环境工程专业毕业要求	给排水科学与工程专业毕业要求
（4）研究：能够基于科学原理并采用科学方法对复杂工程问题进行研究，包括设计实验、分析与解释数据，并通过信息综合得到合理有效的结论	（4）能够开展环境工程领域的专业基础实验和污染控制实验，包括制定实验方案、采集和测试样品、整理和分析数据、撰写报告等，并通过信息综合得到合理有效的结论	（4）能够基于科学原理并采用科学方法对给排水工程问题进行研究，包括设计实验、分析与解释数据，并通过信息综合得到合理有效的结论
（5）使用现代工具：能够针对复杂工程问题，开发、选择与使用恰当的技术、资源、现代工程工具和信息技术工具，包括对复杂工程问题的预测与模拟，并能够理解其局限性	（5）能够选择与使用恰当的技术、资源、现代工程工具和信息技术工具对复杂工程问题进行预测和模拟，并能够根据预测和模拟结果做出正确的分析和准确的判断	（5）能够针对给排水工程问题，开发、选择与使用恰当的技术、资源、现代工程工具和信息技术工具，包括对工程问题的预测与模拟，并能够理解其局限性
（6）工程与社会：能够基于工程相关背景知识进行合理分析，评价专业工程实践和复杂工程问题解决方案对社会、健康、安全、法律以及文化的影响，并理解应承担的责任	（6）能够基于工程相关背景知识进行合理分析，评价环境工程实践解决方案对社会、健康、安全、法律以及文化的影响，并理解应承担的责任	（6）能够基于工程相关背景知识进行合理分析，评价给排水工程问题解决方案对社会、健康、安全、法律以及文化的影响，并理解应承担的责任
（7）环境和可持续发展：能够理解和评价针对复杂工程问题的工程实践对环境、社会可持续发展的影响	（7）能够理解环境保护与可持续发展的内涵和意义，评价环境工程实践对环境保护与社会可持续发展的影响	（7）能够理解和评价给排水工程实践对环境、社会可持续发展的影响
（8）职业规范：具有人文社会科学素养、社会责任感，能够在工程实践中理解并遵守工程职业道德和规范，履行责任	（8）具有良好的人文社会科学素养、社会责任感和保护环境的使命感，能够在环境工程实践中理解并恪守工程职业道德规范和操守，能够承担宣传环保理念、履行环境保护的社会责任	（8）具有人文社会科学素养、社会责任感，能够在给排水工程实践中理解并遵守工程职业道德和规范，履行责任
（9）个人和团队：能够在多学科背景下的团队中承担个体、团队成员及负责人的角色	（9）能够与其他学科成员开展合作，具备团队协作的精神，能够在团队协作中承担个体、团队成员及负责人的角色	（9）能够在多学科背景下的团队中承担个体、团队成员及负责人的角色

工程教育认证标准的基本要求	环境工程专业毕业要求	给排水科学与工程专业毕业要求
(10) 沟通：能够就复杂工程问题与业界同行及社会公众进行有效沟通和交流，包括撰写报告和设计文稿、陈述发言、清晰表达或回应指令。并具备一定的国际视野，能够在跨文化领域背景下进行沟通和交流	(10) 能够运用专业知识就环境工程设计、运行管理、环境咨询等问题，以及公众关注的环境事件，与业界同行和社会公众进行书面和口头的有效沟通和交流，包括撰写报告和设计文稿、陈述发言、清晰表达或回应指令，并了解国内外环境保护发展趋势	(10) 能够就给排水专业工程问题与业界同行及社会公众进行有效的沟通和交流，包括撰写报告和设计文稿、陈述发言、清晰表达或回应指令，并具备一定的国际视野，能够在跨文化领域背景下进行沟通和交流
(11) 项目管理：理解并掌握工程管理原理与经济决策方法，并能在多学科环境中应用	(11) 理解并掌握工程管理原理与经济优化决策方法，并在环境工程实践中应用	(11) 理解并掌握给排水工程管理原理与经济决策方法，并能在多学科环境中应用
(12) 终身学习：具有自主学习和终身学习的意识，有不断学习和适应发展的能力	(12) 具有自主学习和终身学习的意识，有不断学习和适应发展的能力	(12) 具有自主学习和终身学习的意识，有不断学习和适应专业发展的能力

环境类专业制定的 12 条毕业要求是根据桂林理工大学人才培养定位，结合环境工程和给排水科学与工程的专业特色与培养目标，充分考虑工程教育认证通用标准的需要而制定的，在内容的广度上实现了全覆盖。

第4章

课程体系改革与知识体系更新

4.1 新工科的课程体系定位

课程体系是专业人才培养方案的重要组成部分，是根据国家和社会对人才培养的基本要求，对学生进行培养的“设计总图”，是教学建设和人才培养管理的主要内容和依据。课程体系是高校人才培养理念的主要体现，也是教学活动的主阵地，在整个教学活动中处于核心地位，它不仅决定了课程教学的有效性，还规定了大学生的合理知识结构。课程体系应依据我国社会发展需要及培养目标，结合学校的办学条件和学科优势，立足国家经济建设和社会发展的服务目标制定。

新工科的内涵及特征使得新工科专业课程体系改革和课程建设较其他专业而言难度更大、挑战度更高。

4.2 新工科的课程体系要求

高校的根本任务是人才培养，人才培养的本质是立德树人。“北京指南”中明确提出，对学生应更加注重理念引领。新工科建设要坚持立德树人、德学兼修，强化工科学生的家国情怀、国际意识、法治意识、生态意识和工程伦理意识等，着力培养“精益求精、追求卓越”的工匠精神。多年的教学实践表明，正确的价值观念、积极向上的人生态度、开放的国际视野和终身学习的素养能激发学生学习的使命感和积极性，从而提升学习效果。习近平总书记在全国高校思想政治工作会议上强调：“要用好课堂教学这个主渠道，思想政治理论课要坚持在改进中加强，提升思想政治教育亲和力和针对性，满足学生成长发展需求和期待，其他各门课都要守好一段渠、种好责任田，使各类课程与思想政治理论课同向同行，形成协同效应。”因此，新工科的课程体系需要加强课程思政建设，并在思政课程模块中显性地根治理想信念不坚定的问题，在专业课程模块中隐性地培育科学思维和工程师素养。

新工科的课程体系对实践课程提出了更高的要求。相对于传统的工科教育，新工科教育应重点在实践课程的综合性、创新性上进行革新。培养学生的工程思维能力、实践动手能力和创新创业能力。注重采用源于行业企业实际的工程问题、案例和项目推行研究性学习，以培养学生的工程素养、解决实际复杂工程问题的综合能力。地方高校应主动对接地方行业需求，与企业搭建产教融合育人平台，使学生在真实的企业环境下，学习企业先进技术和先进企业文化，深入开展企业工程实践活动，参与企业的技术创新和工程研发等活动。

新工科建设对课程的知识体系提出了新要求。必须从知识操作层面推进理论与实践的跨界，促进课程学习、科研体验、工程实践的有机融合。为此，一要拓展知识的“横截面”；二要拓展知识的“纵向链条”，使学生具备把科学、技术转化为产业工程实践，乃至社会工程实践的能力。

新工科建设不能依赖单纯地增加新课程的方式进行。一方面，学时的限制使得课程表拥挤不堪；另一方面，传统的课程注重知识系统，以学科完整为导向，注重知识体系的建构和传承。新工科建设，必须打破学科壁垒，以能力的综合性和复合性培养为导向。因此，新工科建设要求以培养解决复杂工程问题的能力为标准，重构知识体系，从而重塑课堂体系；要按照工程教育认证标准的要求，以学生的学习效果、能力发展为中心，挖掘课程价值，提高课程质量。

4.3　当前课程体系的不足

4.3.1　理论课程结构偏宽而深度不足

环境类专业作为一个交叉性强、实用性广的专业，主要负责解决人们在生活或者生产过程中，由各种因素引起的环境灾害及环境问题。为了能够全面地解决问题，就需要利用多元化、科学化的技术方式，既要有物理和化学性质的解决方式，也要有生物性质的解决方式。为了确保环境类专业的系统性，也为了强化学生的专业素养和提高他们的竞争力，地方高校在环境类专业课程中通常会加入许多与环境类专业有关联的理论课程，例如水污染控制工程、土壤污染与防治、大气污染控制工程、矿区环境污染控制、环境监测实践、固体废物处置等课程，还有物理化学、微生物工程、生态学以及工程设计等课程。课程数量多且课时较长，如果让学生在有限的学时内完全掌握这些内容是不切实际的，而且有可能导致环境类专业的理论课程结构偏宽、深度不足的情况。此外，在环境类专业中还有一些课程存在重复的情况，有一些环境类专业的实验教学内容也存在此类问题。

4.3.2　专业课程实践技能的训练不足

一个合格的环境类专业人才，除了具备良好的理论知识，还要拥有过硬的实践能力，这样才能在实验操作或者设计制图上得心应手，而这需要大量的训练和长时间的经验累积。但许多高校由于办学条件或其他方面的原因，环境类专业的实践训练内容偏少。还有一些高校的实验教学通常是围绕理论核心来进行的，教师以“演示”或者“验证”的方式来向学生展示实验过程，综合性的实验内容偏少；在实验教学中，教材把整个实验过程和所需要注意的细节一一注明，实验活动也都是教师事先把学生所需要的实验材料预备好，学生在着手做实验之前教师会把整个实验完整地演示一遍，并利用实验室内的多媒体教学设备播放正确的实验过程。学生在这种实验教学环境下，独立思考的能力逐渐淡化，只是沿着教师的行为和思路进行实验操作，这对于培养学生的科学思维和操作能力是极为不利的。

4.3.3 未能体现出环境工程专业特色

依据现阶段的情况来看，我国高校的环境工程专业课程结构、课程体系、人才培养标准、教学方法存在较大的差异。按照正常的视角来看，各大高校在环境工程专业的人才培养策略上都会展示出自身的特色，无论是地域的特色还是专业本身的特色。但事实并非如此，许多高校的环境工程专业使用的是相同的教材，在教学策略、教学风格上也都高度相似。当前我国共有 350 多所高校设置了环境工程专业，其中包括清华大学、北京大学、中山大学、福州大学等，这些高校的环境工程专业在课程建设过程中体现出明显的特色。还有一部分高校在办学的过程中没有重视专业特性的培养和确立，也没有意识到突出自身优势的作用，导致原本可以稳定、持续发展的专业受到了限制，最终被其他优势专业影响。以某校为例，该校的环境工程依托于化学专业，大多数毕业生都具有较高的实验水平，但是在工程实践方面就相对薄弱；而依托于工程类的情况下，环境工程专业的毕业生往往工程实践能力出色，但实验水平相对不高；还有一些高校因缺少可依托的专业，只能够走上模仿其他高校的道路，导致该专业的毕业生专业实践能力低，知识体系不完整，在人才市场中缺少核心竞争力。

4.3.4 课程知识陈旧，教学模式落后

从区域性调查后的结果可以了解到，约有 91%的高校环境工程专业学生认为本专业的课程知识陈旧，更新的速度慢，而且在专业课程的内容上存在冗余和重复的情况。大多数学生希望校方能对现有的课程内容和技能进行及时更新，而校方并没有在专业课程的知识体系上采取相应的补充和完善措施，使得整个环境工程专业的学生学习积极性普遍不高。除此之外，高校针对环境工程专业的师生设

置了相应的学习环境，也购买了大量的实验器械设备，但由于环境工程专业的知识和技术更新速度较快，校方提供的实验环境和设备无法满足学生的需要。环境工程专业对于学生的实践能力要求较高，许多教材里的知识单纯依靠理论是难以理解的，需要通过实践的方式相互印证，但是国内的大多数高校都无法有效解决这个问题，以致学生的理论水平大于实践能力。此外，教师在专业教学中所起到的作用是巨大的，而当前大多数高校由于一些原因无法给予环境工程专业教师一个好的学术环境进行自我提升，以致教师的专业知识结构陈旧，教学模式落后，专业知识的更新速度慢。这些原因也间接地影响了学生的专业水平。

4.4　环境类专业课程体系改革的总体思路

4.4.1　基于产出导向理念，逆向设计课程体系

课程是实现人才培养目标的知识载体和信息资源，是实现人才培养目标的重要保证。现代工程综合化和复杂化的特性要求学生具有综合运用人文社会科学、自然科学和工程技术等多学科知识解决问题的能力；工程教育认证标准强调培养目标的具体化，要求每个知识点都能对应学生能力的培养。围绕人才培养目标，反向设计课程，一方面将工程教育认证标准中对学生各方面的能力要求和注册工程师对知识结构的需求一一分解到各门课程中，形成专业教育与注册工程师制度有效衔接的给排水科学与工程专业课程体系；另一方面将课程体系的设计搭建于多学科的知识基础上，特别是深度融合地学、环境、材料、化学、土建等学校优势学科，开设交叉课程、综合课程、综论课程、研究型课程等，不断加大学生选修各类课程、“第二课堂”、第二学位、辅修专业的自主权。

4.4.2 打破学科壁垒，重构知识体系，促进课程改革

吸纳不同学科背景教师，建设跨学科教学共同体，以实现学科融合课程的有效教学，同时要求每一名教师明确教学工作的目标指向，不断加大教学方法、教学手段和考核方法的改革力度，实现学生专业能力的达成，使之具备将所学专业知识转变为业务和技术上的特长并取得相应的资质认证的能力，并为学生今后职业可持续发展奠定坚实的基础。

4.4.3 强化实践训练，培养工程思维

依据行业发展趋势，围绕工程师教育的实践性、创新思维、创新能力的要求，进一步加强创新实践训练、注重理论联系实际，密切联系教学与创新实践的关系；通过开展新生专业介绍、参观实验室、“给排水科学与工程概论”课程授课等活动，让学生从一年级开始就涉入专业领域；通过课程设计、毕业设计（论文）、实验、各类实习、社会实践等教学活动增强学生分析、解决实际工程问题的能力；通过创新平台建设、大学生创新创业项目、学科竞赛及“第二课堂”等多种途径，培养学生的创新创业能力，提高学生的培养质量。

4.5 桂林理工大学环境类专业课程体系改革

环境工程专业和给排水科学与工程专业作为桂林理工大学的传统工科专业，其教育教学理念需要随着高等教育在经济社会发展中角色的转变和责任的加大而及时调整和更新。桂林理工大学环境类专业围绕新工科建设进行转型、改造和升级形成了新的学科专业内涵，即树立“服务国家战略”“对接产业行业”“引领未来发展”“以学生为中心”的理念，以课程改革为切入点，重构人才培养体系。

课程体系是支撑毕业要求达成的基石，环境工程专业和给排水科学与工程专业的课程体系全部覆盖了工程教育认证标准的 12 项毕业要求，在课程设置方面，

在充分贯彻“厚基础、宽口径、突出终身学习”办学思想的基础上，强化核心能力以及工程实践能力、创新创业能力的培养；并以企业和行业专家对环境类专业毕业生的能力要求为主线，突出毕业生必须具备的知识、能力和素质要求的培养。环境类专业课程体系分为数学与自然科学、专业基础及专业课程、工程实践与毕业设计、人文社会科学四大类别（按工程教育专业认证标准分类），构建具有专业特色的课程教学体系（图 4-1）。环境工程专业是国家级特色专业，给排水科学与工程专业是广西壮族自治区级特色专业，在长期的办学过程中形成了自己的特色。环境学院在与用人单位多次访谈的过程中发现，他们选择环境类专业的毕业生主要考虑桂林理工大学在西部地区具有地理环境优势。

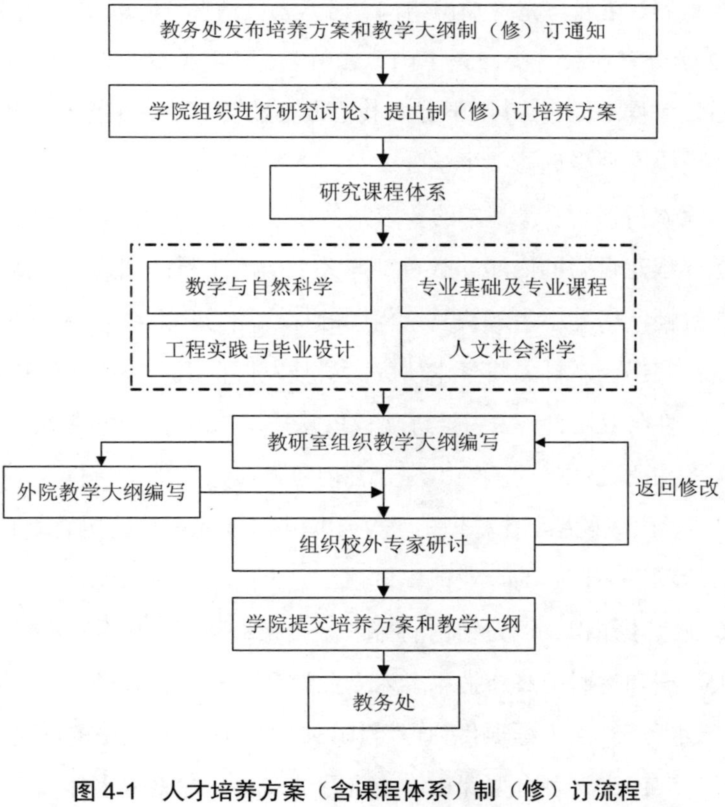

图 4-1　人才培养方案（含课程体系）制（修）订流程

通识教育课程在实现德、智、体、美、劳全面发展这一人才培养目标过程中发挥着基础性作用。新技术的发展使各行业对高级专门技术人才的需求产生新的变化，要求工科专业学生既要精通某一学科专业领域，又要知晓人文、社会、自然科学的一般性知识，从而具备解决复杂工程问题的能力。为加强环境类专业大学生综合素养培养，桂林理工大学不断深化通识教育课程建设。学校在理工科通识教育课程资源建设方面，一方面建设了“中国传统文化”“文化差异与跨文化交际”和“音乐与建筑”等50余门人文社会类和艺术鉴赏类公共课程；另一方面引进50多门智慧树慕课平台通识教育课程，强化学生人文素质、环境保护、社会、伦理、政策法规等方面教育。在制度设计上改变学生通识课程知识结构，为提高学生的综合素养、拓展与完善知识结构、培养人文情怀、促进文理交融，新增“大学语文”（2学分素质教育类课程1门）。2019版环境类专业人才培养方案中要求学生选修通识课程不低于10个学分，其中人文社会类模块中至少选修4个学分，艺术鉴赏类模块中至少选修2个学分。

建设一流本科课程，最基本的要求是“两性一度”，即高阶性、创新性与挑战度，这赋予课程建设新的内涵。教育部《关于一流本科课程建设的实施意见》指出，提升高阶性，培养学生解决复杂问题的综合能力和高级思维，课程内容强调广度和深度；突出创新性，将学术研究、科技发展前沿成果引入课程，在教学方法上体现先进性与互动性，大力推进现代信息技术与教学深度融合；增加挑战度，课程设计中增加研究性、创新性、综合性内容，加大学生学习投入，严格考核考试评价，增强学生成就感。桂林理工大学环境类专业积极构建融合新技术、以“工程实践能力培养”为核心的专业课程体系。通过广泛调研当前社会、企事业单位对环境类专业人才知识、能力结构的需求，在此基础上重构专业课程体系，将人工智能、大数据和物联网等新技术融入专业核心课程，新开设“现代水业认知与探索”“智慧水务”“水工程项目管理”“BIM 及其在水工程中的应用”和“新材料与水处理”5 门交叉融合型课程；结合行业发展，探索将水处理相关课程优化整合为“水安全保障理论与技术”课程；同时结合教师主持的国家级科研项目和工程项目开设应用研究型课程和跨学科课程 20 余门，增加综合性课程、问题导向型课程和企业现场教学课程。把最新的学科知识和行业、企业最新的工艺和管理技术补充到教学内容之中，帮助学生形成复杂工程的系统视野和跨学科知识结构，养成前瞻交叉思维方式，培养他们知识综合、技术集成和跨界整合的能力。此外，聘任马来西亚、巴基斯坦和伊朗等“一带一路”沿线国家共 4 名外籍专家作为专职教师为学生授课，选送学生到美国加州州立理工大学、波兰罗兹大学和柬埔寨理工学院等学校开展跨文化的专业课程学习，着重培养学生工程实践创新能力和提升国际竞争力。

近年来，桂林理工大学环境类专业不断强化课程思政和专业思政，深入研究专业人才培养特点和专业能力素质要求，指导专业教师科学合理设计教学内容，推动每一门课程中有机地融入思想政治教育元素，如“现代水业认知与探索”课程充分融入了生态文明建设思想和漓江水文化等思政教育元素。目前已建设“水泵与水泵站”和“水质工程学”等校级课程思政示范课程 5 门；另外，不断强化师资队伍师德师风建设，将思政元素融入课程建设与改革、实验实践教学建设与改革中，打造专业思政教育教学体系，在此过程中，多名教师获校级课程思政说课比赛一等奖。

桂林理工大学作为广西唯一的共青团中央“第二课堂成绩单”制度试点高校，构建了包含“思想政治、创新创业、实践实习、志愿公益、文艺体育、社会工作、技能培训、其他”共 8 个模块的“第二课堂”特色课程体系，根据学校《“第二课堂成绩单制度”实施管理办法》，包括给排水科学与工程专业在内的所有本科生在校期间获得至少 6 个“第二课堂”学分方能毕业。环境类专业实施本科生导师制，指导学生参加“互联网+”创新创业大赛等创新创业活动，积极为学生提供“环保春天行”“生态扶贫志愿服务”等志愿公益活动，有效地促进了学生创新实践能力的发展。

4.6 课程教学大纲的制（修）订要求及过程

课程教学大纲是根据人才培养方案的总体要求，规定课程的教学内容、教学形式、教学方法的指导性文件，是教师组织教学及编写教材、教学参考书和学校各级教学管理部门检查与考核学生学业成绩、进行教学质量评价的主要依据。教学大纲要符合人才培养方案的要求，这样有利于实现专业培养目标。各门课程（含选修课）必须有教学大纲或教学基本要求，任课教师必须严格按照教学大纲组织教学。教学大纲首先要阐明课程的性质、目的和任务，明确教学要求、教学形式和教学方法。明确大纲学时范围，要求系统地规定课程教学内容的主题和各章节基本内容和要求。规定讲授、讨论、实验、作业等学时的分配，提供本门课课内、课外学习必读书目和参考书目。环境类专业的教学大纲包括课程简介、课程性质和课程目标、教学内容、学时分配、课程教学基本要求，本课程与其他课程的衔接、考核方式、参考书目等几部分。在课程简介中主要介绍该课程在环境类专业中的作用、目的与要求以及该课程的主要学习内容。在课程性质和目标中主要说明该课程在环境类专业中的地位，以及培养学生应该具备的知识与能力。在课程教学内容中详细介绍每个章节和知识点的教学内容。在课程教学基本要求中对学生学习该课程应该掌握的知识、具备的能力、得到的训练提出具体的要求与安排。在考核方式中对该课程学习通过考核的形式、内容、评分标准等做出要求。按照工程教育认证标准要求，在大纲制（修）订过程中重点关注课程目标与所支撑的毕业要求指标点的对应关系。课程内容、教学方法能够支持课程目标实现。课程考核方式能反映课程目标的实现情况。

环境学院形成了一系列教学质量管理的制度文件，促进传统教学模式向持续改进式教学转变。制度文件涵盖教学激励、教学建设、实践教学、质量监控、校际交流等方面的规章制度，形成了教与学、激励与约束相结合的制度体系。在修订人才培养方案的过程中，专业还建立了由课程体系设置和评价修订机制、课程教学大纲的制定和审查机制、课程教学过程监督检查机制、课程考核方式和内容审查机制等组成的教学过程质量监控机制，制定了课程教学、课程考核、课程设计、实验教学、实习教学、毕业设计等主要教学环节的质量要求，定期开展了课程体系设置和课程质量评价。建立了毕业要求达成情况评价机制，定期进行了毕业要求达成情况评价。本次修订工作在 OBE 理念的指引下，邀请企业或行业专家参与研讨培养方案修订和课程体系设计，课程矩阵能够体现课程体系对所有毕业要求的合理支撑，核心课程发挥了强大支撑作用，学分分配合理，符合专业认证通用标准要求，完善了相应的课程教学管理制度，切实保障了毕业要求的达成，提高了人才培养质量。

第5章

环境类专业协同育人模式改革

5.1 协同育人背景

5.1.1 协同育人的政策背景

党的十八大以来，把实施科技创新驱动发展战略作为加快完善社会主义市场经济体制和加快转变经济发展方式的重要组成部分，把科技创新摆在国家发展全局的核心位置，特别强调了协同创新。强调政、产、学、研、用各主体要围绕国家需求，瞄准世界一流，整合资源，创新体制机制，开展协同创新，推进创新型国家建设，加快世界一流大学的建设步伐。各级地方政府在党的十八大精神指引下，提出以协同创新为引领，将协同创新思想贯穿于高校人才培养、科学研究、社会服务和文化传承创新全过程；集中力量建设若干具有重大影响力的协同创新中心，使协同创新中心成为具有重大影响的学术高地、行业产业共性技术的研发基地和区域创新发展的引领阵地。

党的十九大报告明确提出了深化产教融合。2019年7月24日，习近平总书记主持召开中央全面深化改革委员会第九次会议，会议审议通过了《国家产教融合建设试点实施方案》。2019年9月25日国家发展改革委、教育部等6部委印发的《国家产教融合建设试点实施方案》指出，深化产教融合，促进教育链、人才链与产业链、创新链有机衔接，是推动教育优先发展、人才引领发展、产业创新发展、经济高质量发展相互贯通、相互协同、相互促进的战略性举措。

5.1.2　环境类专业发展的需要

党的十八大报告将“生态文明建设”列入国家“五位一体”的总体布局。报告中指出面对资源约束趋紧、环境污染严重、生态系统退化的严峻形势，必须树立尊重自然、顺应自然、保护自然的生态文明理念，把生态文明建设放在突出地位，融入经济建设、政治建设、文化建设、社会建设各方面和全过程，实现中华民族永续发展。党的十九大报告指出，建设生态文明是中华民族永续发展的千年大计，必须树立和践行“绿水青山就是金山银山”的理念；坚定走生产发展、生活富裕、生态良好的文明发展道路，建设美丽中国，为人民创造良好生产生活环境，为全球生态安全做出贡献。《中华人民共和国国民经济和社会发展第十三个五年规划纲要》提出要把“绿色”发展作为今后发展的“五大理念”之一，加快建设资源节约型、环境友好型社会，形成人与自然和谐发展现代化建设新格局。在环境服务供给方面，既要有量，又要有质，通过环境产品供给数量和质量的提升来扩充环境容量，进而改善环境质量。这些纲领性文件指出了我国环境污染和生态破坏的严峻现状以及环境保护工作的总体目标。环境类专业培养目标中提出培养“应用型环境工程高级专门人才”，将“熟练掌握环境工程专业基础理论、具备专业技能，具有发现、分析以及解决复杂环境工程问题的实践能力”等要求纳入人才培养目标，顺应了国家发展规划，符合国家急需大量环境工程设计与施工调试、环境监测、技术咨询、设施运行维护、规划管理和技术研究等方面工作环境工程专业人才的社会发展需求。

广西的地方经济发展，尤其是北部湾开放开发、中国—东盟自由贸易区和珠江—西江经济带发展，广西“14+10”千亿元产业、现代服务业以及现代农业发展中带来的环境问题，已成为建设富裕文明和谐新广西的关键限制因素之一。与此同时，随着“水十条”“大气十条”“土十条”的颁布与实施，环保行业急需大量熟悉水污染、大气污染、土壤污染控制等方面的高级专业技术人才。环境类专业紧密结合广西支柱产业中的制糖、淀粉、制药、味精、造纸等生产中的高浓度有机废水，有色金属矿山废弃地整理与污染土地修复、北部湾经济区与岩溶石山区水污染控制与水资源保护、废物处理处置及资源化利用、大气污染控制等大量复杂环境工程等问题，提出培养“具备水污染防治、大气污染控制、固体废物处理处置、物理性污染控制和环境规划管理等领域的工程设计、环境咨询、技术开发与环境管理等能力”的人才，符合广西发展以及行业社会发展的需求。专业人才培养目标的实现离不开协同育人。

5.1.3 高校的发展需要

从高校发展的角度来看，协同创新是符合时代发展趋势和科技发展规律的先进大学发展理念，能够促使高校更加明确自身的发展定位，更加凸显自身的特色和优势。一方面，高校作为培养高层次创新人才的重要基地，基础研究和高技术领域原始创新的主力军之一，以及解决国民经济重大科技问题、实现技术转移和成果转化的主力军，采取主动行动开展协同创新，有其高端人才荟萃、研究基础雄厚的特有优势；另一方面，高校只有通过协同创新，向政府、企业、科研院所和其他社会组织“借力”，才能够显著提高自主创新能力，推动自身的快速发展。高校协同创新一是高校内部不同学科、教师之间的协同；二是高校之间的协同；三是高校和其他科研院所、企业间的协同。这些多元化协同的问题一定是国际前沿的、区域经济发展所急需的，协同的目的是创新，创新驱动发展。

高校“以学科为本位”的科研体制和“学科—行政—经济（指利益分配）”的管理机制，及其内部的学科与学科之间、专业与专业之间还存在清晰的边界，这些都将严重影响高校的人才培养质量，及其协同创新发展。为此，桂林理工大学近年来深入研究探讨地方高校在协同创新指导思想下如何形成与地方经济社会需求相协调的良性互动机制。桂林理工大学曾鸿鹄教授等在《高教论坛》上发表了题为《解读“协同创新”地方高校与区域经济社会互动发展战略研究》的论文，深入分析了高校协同创新的本质，探讨了协同创新思想下地方高校发展战略以及桂林理工大学通过校地、校企、校所、校校协同创新所取得的成果。

地方高校作为人才培养和科技创新的主阵地，直接服务地方经济社会，已经成为社会发展的客观需求。地方高校在提升地方创新能力、转变地方经济增长方式等方面发挥着重要作用，但仅仅依靠地方高校的力量是有限的。如何探索“政、产、学、研、用”的协同创新模式，实现可持续发展，是高校应该解决的一个重要命题。高校之间、高校与政府之间、高校与科研机构之间、高校与行业企业之间，如果能够形成良性互动机制进行有效协作，就能够最大限度地解决区域经济社会和行业面临的重大需求和关键问题。

5.2　协同育人目前存在的问题

高校与政府部门、企业、科研院所协同育人是当前和今后一个时期我国高等院校改革发展和人才培养的主要任务，然而实践过程中仍然存在下述问题制约着创新人才培养。

5.2.1　协同育人机制体制有待完善

高校协同育人的内在动力机制、协调决策机制、经费投入机制、利益分配机制等未能有效建立，现有机制体制在育人参与主体利益范围与责任边界等方面无法满足各方需求，难以达到协同育人的目的。产业化学院等新型组织模式仍处于探索阶段，如何在组织机构、运行机制、人员管理、经费保障等方面加以完善是当前面临的主要问题。

5.2.2　高校内部与校际间壁垒严重

当前高校学科之间、专业之间、科研与教学之间、学科与专业之间都有明确边界，相互间很难做到资源共享，不能相互支撑相互渗透，更谈不上为学生们提供跨学科、跨专业的教育教学培养。现有的高校人才培养目标、课程体系和教学内容与实现制造强国的战略目标存在较大的差距，特别是人工智能、大数据、云计算和物联网等新技术与环境工程结合不紧密，毕业生缺乏工程实践创新能力，与用人单位需求不匹配。

5.2.3 高校外部育人主体积极性不高

大学生除了需要接受良好的课堂教学，更加需要参与科学研究、社会实践、企业实习，并从中锻炼成长，发掘创造潜能。然而科研机构、企业与大学间的合作交流甚少，沟通协同和合作平台也比较少，导致学生科学研究、社会实践和企业实习环节的缺失。

5.3 协同育人目标

5.3.1 以需求为导向，确立人才培养目标和培养标准

认真学习领会习近平生态文明思想，贯彻创新、协调、绿色、开放、共享的发展理念，围绕国家和地方环保产业对人才需求，桂林理工大学在工程教育认证标准的指引下确立环境工程应用型卓越人才培养目标和培养标准，着力提升学生解决复杂环境问题的能力。

5.3.2 构建融合新技术、以“工程实践能力培养”为核心的课程体系

桂林理工大学广泛调研社会对人才知识、能力结构等需求的基础上重构环境类专业课程体系，将人工智能、大数据和物联网等新技术融入专业核心课程，增设跨学科课程，增加研讨型课程、企业现场教学课程，把最新的学科知识和行业、企业最新的工艺和管理技术补充到教学内容之中，聘任多名外籍教师和选送学生

到美国加州州立理工大学、美国微软公司、波兰罗兹大学等开展跨文化的专业课程学习，着重培养学生工程实践创新能力和提升国际竞争力。

5.3.3　构建“全方位、立体化、产教融合”的实践教学模式

桂林理工大学与广西博世科环保公司、南宁建宁水务投资集团有限责任公司、北控水务集团等大型企业联合制定人才培养方案，共建国家级虚拟仿真实验教学示范中心、实验教学示范中心和大学生校外实践基地，充分发挥行业、企业专家和专业指导委员会的作用，实施学校培养阶段累计 3 年、企业培养阶段累计 1 年的“3+1”实践教学模式，结合企业重大工程项目，增加设计性、综合性、启发性和创新性的工程实践项目数量，构建校企协同完善“一核心、三层次、五结合”的实践教学体系，显著提高学生解决复杂工程问题的能力。

5.3.4　建设产业化学院“博世科环境学院”

桂林理工大学吸引上市公司广西博世科环保公司投资与本校共建了“博世科环境学院”，该公司将产业资源、政策资质、行业经验、业务标准、实习岗位、内部培训、生产工艺、研发技术、经营管理等发展要素植入“博世科环境学院”。具体包括广西博世科环保公司为学生提供课程设计、毕业设计、课外科技制作活动的实践平台，派遣技术人员作为企业导师为学生授课，并设立了“博世科”奖学金，用于奖励优秀学生到国内外高校短期学习和资助学生创新创业竞赛等。“博世科环境学院”为广西博世科环保公司提供研发技术人员、开放实验室，提供仪器设备、技术服务和成果转化支持，不断完善“产业化学院”的管理体系、协同方式、运作机制等，实现面向行业企业需求联合培养人才，同时支撑企业创新的新局面。

5.3.5　构建“开放、集成、高效”的教学管理与质量保障体系

桂林理工大学定期开展地方政府、区域市场、行业企业、院校、学生的满意

度调查，制定毕业生动向、企业需求变化的数据追踪集成制度；开展毕业生供需匹配数据挖掘、集成和分析，及时反馈指导人才培养体系和实践教学方案的优化；运用现代信息技术，解决实践教学地点离散度高的弊端，及时反馈校外专家、本校教师和业内同行的实践教学督导情况，切实开展专业实验实践教学、课外训练、综合实习、野外实习和毕业实习等教学的全过程督导。

5.4 协同育人的基本形式、主要构成与任务分工

5.4.1 基本形式

桂林理工大学岩溶地区水污染控制与用水安全保障协同创新中心的基本形式是发挥现有学科的优势与特色，围绕城镇水污染控制、工业水污染控制、用水安全保障技术等特色研究方向，联合广西的科研院所和供排水行业企业，推动水污染控制和用水安全保障领域的创新链与产业链的融合；以实施产、学、研、用合作为切入点，加快推进协同创新，使市场需求的拉动力与科技创新的驱动力目标一致，协同用力，为广西“14+10”千亿元产业和新兴产业集群的打造、新型城镇化建设、城镇供排水等公益性行业技术进步提供持续的支撑。

5.4.2 主要构成

以桂林理工大学为轴心，产学研基地为链条，联合中国科学院地理科学与资源研究所、中国地质科学院岩溶地质研究所、南宁建宁水务投资集团有限责任公司、桂林市排水有限公司、桂林市生态环境局、贵港市生态环境局等单位开展科技研发协同创新，共享优势资源，辐射广西区域经济社会发展。

5.4.3 任务分工

桂林理工大学和相关科研院所主要以人才、学科、科研“三位一体”的创新

能力提升为核心，充分利用高校和科研院所已经拥有的在水污染控制和用水安全保障方面的学科平台优势，汇聚行业企业和地方政府的资源，构建校企协同创新的平台，为广西“14+10”千亿元产业和新兴产业集群的打造、新型城镇化建设、城镇供排水等公益性行业技术进步提供持续的支撑，推动广西生态文明建设，实现美丽广西的目标。

5.4.3.1　高校、科研院所任务分工

桂林理工大学、中国科学院地理科学与资源研究所和中国地质科学院岩溶地质研究所充分发挥高校科研、人才培养方面的优势，开展对城镇污水、高浓度有机废水、无机工业废水进行集成技术研究、一体化污水处理设备研发、废水与污泥资源化技术研究和用水安全保障技术研究等应用基础性研究并进行应用推广。其中，桂林理工大学重点研究水处理技术和用水安全保障技术，中国科学院地理科学与资源研究所重点研究废水与污泥资源化技术，中国地质科学院岩溶地质研究所重点开展水处理技术和用水安全保障技术在岩溶地区的适用性研究。此外，高校与科研院所联合申报水污染控制与用水安全保障领域的国家级、省部级纵向课题及各类横向课题，制定技术标准，申请专利、科技奖励等方案，发表科研论文，联合培养水污染控制与用水安全保障领域的本科生、硕士研究生、博士研究生及博士后等。

5.4.3.2　企业任务分工

行业企业主要根据我区在水污染控制与用水安全保障方面遇到的现实问题，制定水环境保护行业的“产业技术路线图”，围绕产业链，从技术的层面，找出要实现的技术目标，以及达到目标的路径，进而找到路径上的关键技术节点，提出城镇和工业污废水处理工艺技术改进、设备升级改造等方面的要求。南宁建宁水务投资集团有限责任公司和桂林市排水有限公司将为高校、科研院所指明技术突破的关键节点，在协同参与技术研究的基础上，作为高校、科研院所取得科研成

果的应用示范基地，验证研究成果的成效，提出改进意见，同时企业还作为各层次人才培养的实践基地。南宁建宁水务投资集团有限责任公司重点承担城市污水处理系统升级改造和污泥资源化处置、岩溶地区饮用水源地净化、管网输配安全保障技术，突发污染事件情况下水厂应急处理技术与工艺的工程应用与效果验证，桂林市排水有限公司重点承担一体化污水处理设备的工程应用与效果验证。南宁建宁水务投资集团有限责任公司和桂林市排水有限公司每年接收本科生 150 余名、硕士研究生 40 余名、博士研究生 2～3 名开展实习实训。

5.5 协同育人体制机制改革和主要措施

以桂林理工大学“广西环境污染控制理论与技术重点实验室”“中央与地方共建重点实验室——岩溶地区环境污染防治与水安全中心重点实验室、计算中心重点实验室”“广西高校重点实验室——应用电化学新技术重点实验室、信息与制造重点实验室”为平台基础，相继与中国科学院地理科学与资源研究所、中国地质科学院岩溶地质研究所、南宁建宁水务投资集团有限责任公司、桂林市排水有限公司等水环境保护行业科研院所和单位共建成立产学研基地，达成培养卓越工程师以及联合培养工程硕士/博士协议，在人才、学科、科研等方面的协同创新工作已全面展开。

5.5.1 形成了科学合理的组织管理机制和运行管理模式

桂林理工大学组建了高校、政府、科研院所和企业参与的协同创新管理委员会，由委员会负责重大事务的协商与决策，制定总体发展战略和路线；成立以院士、国内知名专家为成员的专业学术委员会，把握中心主要研究方向，开展项目招投标工作，对关键技术研发提供指导性意见和建议。中心建立了国际化的人员聘用与流动机制，面向海内外招聘一流人才。在考核机制上，改革评价体制改变了过去单纯以论文、获奖为主的考核评价方式，重在以创新的质量和贡献为导向，注重原始创新和解决国家重大需求的实效，建立综合评价机制和退出机制，鼓励竞争，动态发展。中心根据项目或任务设岗，人员竞聘上岗，制定了科学的、合理的绩效量化计算原则，收入依据岗位和绩效分配，同时在成果产业方面实施有效的股权、期权等激励机制，有效激发科研人员的积极性和创造性。本中心在高水平研发人员招聘中成效显著，近年来引进了日本熊本大学博士后张文杰、香港大学博士后王静、清华大学博士后孙晓杰、中科院博士后蒋金平等一批高水平人才；新的考核及收入分配制度对于获得国家级、省部级项目，科研奖励及在研发成果产业化应用中表现突出的研发人员发放较高额度的奖金等，极大地激发了广大研发人员的积极性。

5.5.2　建立合理的利益分配制度

中心有效协调各方利益关系，促进创新顺利实施。各方树立开放的心态，明确风险和预计成功带来的收益。知识产权、中试成果、最终产品等的利益分割使分割方面达成了广泛一致，各方已在创新成果研发的权责、风险担当、利益分配等方面制定了有效的规范和准则，各方均严格遵守，保证了中心各项工作的持续推进。此外，各方根据在成果研发和应用中的地位与作用，确立相应的股权，为进一步推动研发成果的工程化、产业化应用奠定坚实的基础。如桂林理工大学与中国科学院地理科学与资源研究所联合研发重金属污染水体和土壤的修复技术，明确了双方的权责和担当的风险，有效保证了项目的顺利进行，最终联合研发的成果获得广西自然科学二等奖，实现了利益共享，也为下一步的成果产业化奠定了良好基础。

5.5.3　建立较为完善的高校和企业联合培养机制

以优势学科为基础，以优质教学资源、优质师资为依托，与大型企业在环境工程专业开展“卓越工程师教育培养计划”。校企双方共同制定培养目标、共同建设课程体系和教学内容、共同实施培养过程、共同评价培养质量。目前，桂林理工大学已与南宁建宁水务投资集团有限责任公司签订“卓越工程师教育培养计划”联合培养协议，制定了一套完整的质量标准建设、学生遴选、课程体系构建、兼职教师管理、学生企业阶段学习考核、学生实习安全、人才培养方案修订、工程教育师资培养、学生企业培养方案。同时，在南宁建宁水务投资集团有限责任公司成立了自治区级工程实践教育中心并申报国家级工程实践教育中心。

5.5.4 健全寓教于研的创新人才培养模式

以科学研究和实践创新为主导，通过学科交叉与融合、产学研紧密合作等途径，推动人才培养机制改革，以高水平科学研究支撑高质量人才培养。桂林理工大学已与中国科学院地理科学与资源研究所、中国地质科学院岩溶地质研究所、南宁建宁水务投资集团有限责任公司、桂林排水有限公司联合开展了硕士研究生、博士研究生和博士后的培养。

5.5.5 加强专业技能培训

强化各类专业技术培训班的教学与人才培养工作，使人才培养工作紧密结合广西经济发展需求，为相关合作企业和科研院所的人才素质和创新能力的提高做出显著的贡献。桂林理工大学大力发展在职学历教育，成立专门机构，安排专人负责，加强报名的组织领导；通过产学研联合基地、校外导师等各种渠道加强宣传，并充分利用南宁校区、空港校区、屏风校区良好的办学环境，扩大办学空间，取得了良好的效果。已与桂林、贵港、百色等多地环保系统、南宁建宁水务投资集团有限责任公司、桂林排水有限公司等企业联合开展工程硕士研究生等的教学与人才培养工作。

5.5.6 实行“一个转变”，坚持“四个紧密结合”

在办学机制上，桂林理工大学实行“一个转变”，即紧密围绕国家、人民、科学、地方、行业、企业的重大需求，切实实现教育产品由过去的“以我为主”供给模式向“需求导向”供给模式转变。坚持“四个紧密结合”：一是面向科学技术前沿、努力创一流水平与面向行业、产业、地方和民生努力做重大贡献紧密结合；二是教学与科研、教学科研与实践紧密结合；三是着力解决经济社会发展重大实际问题与学科提升、学术积淀、文化建设、实力积蓄紧密结合；四是遵循高等教育规律办大学与遵循市场经济规律经营大学紧密结合。

5.5.7 加强科研创新与需求对接

在科研创新体制机制上，桂林理工大学提高科研创新与需求和问题的对接度，提高科研创新方向的凝聚度，提高科研创新资源的集成度，提高科研创新成果的成熟度，提高科研创新活动的组织度，坚持知识创新、理论创新、技术创新和成果转化的协调发展。通过“五个提高”和创新链各环节的协调发展，实现科研创新贡献显示度的大力提高。桂林理工大学与中国科学院地理科学与资源研究所、中国地质科学院岩溶地质研究所等共同研发了多项技术成果，除共同申报获得科技奖励外，还广泛应用到南宁建宁水务投资集团有限责任公司、桂林排水有限公司和其他水务企业的污废水处理工程中。

5.6 协同育人的主要成果

为培养造就一大批创新能力强、适应经济社会发展需要的高质量各类型工程技术人才，教育部于 2010 年提出“卓越工程师教育培养计划”，该计划的实施是促进我国由工程教育大国迈向工程教育强国的重大举措。桂林理工大学环境工程专业 2012 年入选教育部“卓越工程师教育培养计划”试点项目，通过以工程教育专业认证标准为导向，不断强化行业企业深度参与工程教育的程度，构建和实施了产教深度融合的环境工程应用型卓越人才培养体系，创建了产业化学院“博世科环境学院”，培养了一批解决复杂环境问题的环境工程应用型卓越人才，环境工程专业 2019 年第二次顺利通过国家工程教育专业认证。主要成果如下。

（1）主动适应国家生态文明建设需要，注重学生多学科理论知识的融会贯通，突出环境工程实践能力培养，强化学生分析和解决复杂环境工程问题的能力，培育环保人的家国情怀和山水情怀，确立特色鲜明的应用型卓越人才培养目标和培养标准。

（2）将“以学生为中心、目标导向、持续改进”的专业认证理念贯穿卓越人才培养全过程，着重培养学生解决复杂工程问题的能力，构建以“工程实践能力培养”为核心的课程体系。

（3）依托国家级实验教学示范中心、虚拟仿真实验教学示范中心为主的实验教学平台，自治区级一流学科、科教结合科技创新基地为载体的产学研创新平台，桂林理工大学—南宁建宁水务投资集团有限责任公司国家级大学生校外实践教育基地为依托的实习实训平台，构建“全方位、立体化、产教融合”的“3+1”实践教学模式，显著提高学生解决复杂工程问题的能力。

（4）与上市企业广西博世科环保公司建成“人才培养—技术研发—成果产业化”的“博世科环境学院”，实施校内外双导师制，校内名师和企业名师协同指导本科生毕业设计、课程学习和科创竞赛，构建了“名师引领—资源共享—机制创新”的校企协同育人机制。

（5）积极开展教育教学改革研究，承担了教育部新工科研究与实践项目在内的教改项目 10 项，公开发表 30 余篇教改教研论文。

（6）成果在校内外得到广泛应用，已为国内外 30 余所院校采用或共享，毕业生得到了大型企事业单位和行业主管部门的高度认可。

5.7 协同育人成果的推广应用

5.7.1 校内应用

2012 年至今，桂林理工大学环境工程专业的“卓越工程师教育培养计划”试点项目累计培养了 210 名学生，学生参与大学生创新创业项目共计 83 项，累计参与人数达 366 人次，其中共有 66 人次获得国家级和区级的各种奖项，另有 248 人次参加的 79 个作品获得校级的各种奖项；毕业生的工程实践能力和创新创业能力显著提高，先后承担了一批省级重点环保工程的管理项目和技术攻关工作，取得了较好的经济效益和社会效益；通过与柬埔寨理工学院共建水环境保护联合实验室并形成本科生交互访问学习的机制，与马来西亚拉曼大学共建教学团队，举办“一带一路”生态环境保护研讨会，每年选派 10 余名学生到美国、加拿大、波兰、马来西亚、柬埔寨、哥斯达黎加等国访学，显著提升环境工程人才培养的国际化水平；240 人次获得各类奖学金（其中国家级奖学金 20 人次），全国英语四级考试通过率均保持在 80%以上，考研升学率均保持在 35%以上，毕业生一次性就业率均为 100%。2016 年，桂林理工大学环境工程专业顺利通过了全国工程教育专业认证。

5.7.2　校外推广

近年来吸引了“一带一路”沿线国家高校如柬埔寨理工学院、马来西亚拉曼大学、塔吉克斯坦理工大学等高校前来参观考察。其中塔吉克斯坦理工大学主动与桂林理工大学联系提出双方共建该国首个环境工程专业（2019 年已选派 2 名教师到校进行了为期 15 天的办学经验学习）；柬埔寨理工学院 1 名教师到桂林理工大学进行为期 1 年的进修培训；中山大学、重庆大学、湖南大学和广西师范大学等 20 余所区内外高校前来参观交流应用型卓越人才培养经验，并借鉴成果；南华大学、南宁师范大学等高校每年近 200 人次学生到水污染控制国家级实验教学示范中心和环境污染防治与生态保护国家级虚拟仿真实验教学中心开展生产实习；本校环境类专业每年为广西城市建设和环保系统提供 1 000 余人次的培训服务。

5.7.3　专家、用人单位评价和媒体报道

环境科学与工程类专业教学指导委员会副主任委员侯立安院士认为，桂林理

工大学构建和实施了产教深度融合的环境工程应用型卓越人才培养体系，成果理念先进、针对性强、模式成熟、特色鲜明、成效显著，对同类专业建设具有重要的指导意义和推广价值。

用人单位认为毕业生具有很强的工程实践能力和职业素养，进入工作单位后迅速成长为技术骨干；广西博世科环保公司认为，“博世科环境学院”为公司培养输送了一批卓越人才，共同研发的技术成果广泛应用于工程实践，显著提升了公司市场竞争力；行业主管部门认为，桂林理工大学高度重视与环保产业界的密切合作，培养的环境工程应用型卓越人才具有很强的社会责任感，为广西生态文明建设做出了积极的贡献。

近年来，新华网、中新网、中青网、《中国海洋报》和《广西日报》等媒体报道了桂林理工大学环境工程专业应用型卓越人才培养和服务地方等方面的成果。

5.8 协同育人过程中形成的经验与特色

协同育人中心在协同管理组织模式、利益分配、成果共享与风险共担机制，人员聘任机制，考核激励机制，学生培养新机制、资源汇聚共享等各项措施的有力支撑下，桂林理工大学近年来协同中国科学院地理科学与资源研究所、中国地质科学院岩溶地质研究所、南宁建宁水务投资集团有限责任公司和桂林市排水有限公司在科技创新、人才培养、学科建设等方面开展了大量卓有成效的工作，在支撑区域创新发展中发挥了示范带动作用，产生了显著的经济社会效益。学校与科研院所、企业和地方政府早已突破了单纯的研究项目的合作关系，而是走向了深度融合，充分释放了人才、资本、信息、技术等创新要素的活力。中心在协同创新过程中形成了如下经验与特色。

（1）深入开展新经济发展需要的环境工程专业应用型卓越人才培养研究，丰富了环境工程专业教育理论体系；确立面向新经济、专业认证引领的环境工程应用型卓越人才培养目标和培养标准，成功探索了满足产业发展需要的地方高校应用型卓越人才培养体系和方法，成为广西首个通过国家工程教育专业认证的环境工程专业。

（2）构建融合新技术，以“工程实践能力培养”为核心的课程体系和“全方位、立体化、产教融合”的“3+1”实践教学模式，显著提升学生工程实践能力；通过理念、方法、体系、模式、机制等一系列的创新，与 10 余家政府部门、科研院所、企业和其他高校建成集教育、培训、研发于一体的共享型协同育人实践平台，形成优势互补、项目共建、成果共享、利益共赢的人才培养共同体，为培养环境工程应用型卓越人才提供强有力的资源保障。

（3）突破了校企、校所简单的联合办学模式。学校在与科研院所、企业联合办学的过程中，形成了校企、校所联合办学新模式。本科生、研究生在企业实习实训过程中，发表了大量科研论文，帮助企业解决了具体的工程实践问题；企业工程师在学校教师的指导下发表大量论文，开展研发工作，迅速提高了企业的研发能力。

（4）实现了重点实验室、实训基地的有效汇聚。中心将各方的研究基地、平台、资本、信息、成果、仪器设备等创新要素整合在一起，相互开放和共享平台资源，中心人员均可申报现有平台的项目和资金，获得人才、信息等支持，共享成果和仪器设备。中心在整合现有平台的基础上还积极培育新的科技创新平台，各方联合申报省部级工程技术研究中心、国家级工程实践教育中心等。

（5）科技创新协同推动成果产业化、工程应用。学校与科研院所研发的数十项技术成功应用于南宁建宁水务投资集团有限责任公司和桂林市排水有限公司，为社会提供了大量的工程设计、施工和运营服务，取得了巨大的经济效益和环境效益。

（6）与广西最大的综合环境服务商、上市环保企业广西博世科环保公司共建“博世科环境学院”，创建了产业化学院的运行管理体系、协同方式和经费保障机制，探索并实践了地方高校产业化学院建设与发展的路径，建成“人才培养—技术研发—成果产业化”的“博世科环境学院”，实现教育与产业的有机结合。

第6章

现代教育信息技术促进教学方式多元化改革

6.1 传统教学方式无法满足新时代育人要求

我国环境工程专业始建于20世纪70年代，已经历了近50年的发展。该专业以传统教学方式为环境类人才培养做出了巨大贡献。近年来，国家新工科建设以及国家社会与环境事业发展的新常态对环境类人才培养提出了新的要求，传统教学方式已无法满足信息时代对专业技术人才培养的要求。

6.1.1 传统教学方式对学生创新能力的培养不足

传统的教学方式以教师讲授为主，根据教材内容照本宣科，通常会忽视学生创新性思维的培养。环境类专业属于交叉型、综合型学科，与其他很多学科或多或少都存在一些联系，这就要求人才培养模式向多元化、综合型、应用型、全面型发展，才能满足新工科背景下环境领域人才需要。在实际工程应用中会面临各种各样的问题，在解决不断出现的新问题中可能没有经验或者案例参考，这就要求教师采用创新性思维来解决，因此学生的创新能力是现代化环境专业人才必须具备的基本能力。

6.1.2　传统教学方式不利于培养学生的主观能动性

当前环境类专业教学方式主要以教师的言传身教为主，学生的主体地位得不到很好的体现。传统的教学方式固化老套，学生只能被动学习，导致学生“接受多、探究少，模仿多、参与少，训练多、交流少”，教学效果甚微，不利于学生主动学习。当代大学生普遍存在学习动机缺乏的问题，主要原因是传统的教学模式无法很好地激发学生的学习兴趣，学生对于理论知识在实际社会工作中的应用较为迷茫，最终形成被动学习的模式。

6.1.3　实践教学条件无法满足当代人才培养需求

传统教学在实践教学中存在资源匮乏、内容陈旧、教学手段单一、交互性差等弊端，使得地方高校培养的人才与用人单位需求存在一定偏差。首先，环境类实践教学内容多限于理论教学范畴，实验教学项目类似，内容陈旧且更新缓慢，本科生实践范式雷同，对学生创新专业素质培养力度不够；地方高校实践环节受重视程度不高，教学学时压缩严重，实践教学管理信息化不足，实践教学队伍配套参差不齐，毕业生技能特征与核心竞争力不强。其次，实践教学方式单一，模式落后，有限课时“一遍体验式”的实践教学效果不佳；传统的“一对多”的教学模式无法兼顾全体学生，师生交互障碍较多，学生专业差异和个性化培养不足。此外，传统的实践教学模式受地域、品牌、课时、师资、教学条件所限，存在实践教学资源共享与协同育人机制有效落地困难，专业实践与实际生产结合不够，学生素质与用人单位供需对接不紧密等问题。

6.2 现代信息技术与传统教学结合的必然性

6.2.1 “互联网+”推进现代信息技术和教学深度融合

随着现代教育信息技术的迅猛发展，“互联网+教育”深度融合是必然趋势，“教育信息化 2.0 行动计划”开启了教育现代化、建设教育强国的新征程。传统意义上的网络教育是将课堂教学内容录制上传到特定的网络平台，供学生学习使用，其缺点是可能因无法提高学生的专注度和兴趣度而影响教学质量和效果。“互联网+教育”是基于现代信息技术的互联网在教育领域中的具体运用，是坚持开放理念的教育新模式，有利于推动教育模式向智慧化和民主化改革，它主要以学生为主体，与教师、多媒体机构之间形成映射关系，运用多媒体和人机交互手段进行教育，与传统教学模式相比有着本质的区别和优势。如今，高校师生的教学方式、学习方式、思维方式和交流方式发生了巨大改变，聚焦新时代对人才培养的新需求，需将教育信息化作为教育系统性变革的内生变量，推动教育理念更新、模式变革、体系重构，实现优质教学资源共建共享，促进教学质量持续提升。实践教学是地方高校特色发展的关键环节。然而受地理位置、学校品牌、教育经费和生源质量等问题制约，要想有效提高地方高校的整体竞争力，教学方式必须与时俱进，将现代教育信息技术与实践教学深度融合。

6.2.2 新工科人才培养要求教学方式改革

新工科背景下的高校教育旨在培养一批多样化、创新型卓越工程技术人才，为我国产业发展和国际竞争力提供人才支撑。以培养新工科人才为目标的教学方法改革是当下的必然产物。新工科人才应具备夯实的理论基础知识和专业文化素养，应具备适应社会需求的实践操作经验和一定的创新精神和创业能力。当今的时代是互联网信息时代，如何整合互联网资源（如将精品课程视频、MOOC 平台、

“微课”等优质教学资源融入环境类专业的教学活动中），并通过改革教学方式增加课堂教学趣味性和多样性，激发学生课堂听课兴趣，是一项重要而又极具挑战性的工作。教学要培养适应新时代的工程应用型人才，须在掌握坚实的理论知识的前提下，熟悉其在实际工程中的应用。随着互联网、物联网在社会生活各个领域应用的快速发展，近年来越来越多的高校将实际工艺通过虚拟仿真技术应用到日常教学中，其应用在环境工程类专业的实践教学中，不仅可以使学生快速、直观地掌握各个处理构筑物的构造、运行和各种应急预案，而且能激发学生主动学习的积极性，促进学生将理论知识直接和实际工程应用建立理解的桥梁。提高教学效率，更有利于培养新时代的卓越工程师，这也是未来发展的必然趋势。

6.3 现代信息技术在环境类专业教学方法中的改革与实践

6.3.1 基于实用新型人才培养的教学模式改革

为满足新时代发展对于环保人才的需求，以学生为教学中心，以全面培养和提高环境工程专业学生的实践能力、创新思维和综合素质水平为目标，桂林理工大学将现代信息技术与实践教学深度融合，围绕教学全过程开展实践教学改革，建立了供需对接紧密的环境类应用型创新人才实践教学模式。主要的教学实践改革包括以下几个方面。

6.3.1.1 基于实际工程案例解决流程的教学设计

案例教学法是目前高等教育中应用比较广泛的一种研究性教学方法。该方法最著名的应用案例发生在美国哈佛大学商学院。哈佛大学商学院的教授依据所教内容的实际情况，编写能结合教学内容的案例，使学生能够结合案例领悟课本知识，而不是对专业知识的机械记忆。这种优秀的教学方法在环境类专业教学上经过不断的探索，得以被灵活的运用。

环境工程类专业人才培养的最终目标是使人才能够解决实际的环境生态问题。在实践教学中根据地方特色，选择合适的实际环境案例问题，根据解决问题的各个流程进行实践教学，不仅能极大地体现学生的主体地位，还能让学生体验对实际环境问题解决的具体过程，更能适应日后的社会工作。桂林理工大学环境科学与工程学科基于案例教学的方式进行了相应的教学设计改革。例如增设的“环境工程综合创新实验”课程，主要通过创造实际工程问题的教学场景、引导学生通过资料收集设计出解决该问题的工艺流程、辅助学生搭建“小试平台”、帮助学生进行实验设计和处理效果评估等，促进学生在该门课程中自主学习，提出处理实际废水的具体工艺流程，并动手实践验证和进行效果评估，培养学生对专业课程的综合应用能力、团队协作能力、自主学习和独立能力、学术交流能力以及面对真实工程问题提出解决方案的能力。案例式教学在理论课上也得到很好的应用。“生态学理论”课程的教学，根据地方特色，以桂林的典型喀斯特地貌为契机引导学生思考“喀斯特生态系统的生态恢复的途径及其社会影响”，以广西福寿螺生物入侵案例引出“目前广西地区的主要入侵物种有哪些及其危害”，根据广西龙江镉污染事件和广西矿山开采带来的环境生态问题为题材，将“重金属污染事件发生的原因”引入课堂探究活动中。学生根据这些问题展开热烈讨论，增强了师生互动性和激发学习热情。“环境规划与管理”课程的教学中，教师根据自身的教学和科研经验并结合地方特色，筛选出适合的环境规划与管理项目，例如，根据“广州南拓区环境规划专项”进行分析，让学生了解广州市南拓区环境规划专项的背景和规划理念、思路和指标体系；熟悉广州市南拓区的环境功能分区；掌握大气环境规划、水环境规划、声环境规划、固体废物污染控制规划四大专项环境规划。这种案例式教学应用到环境类专业教学中，让原本枯燥乏味的课本知识以更为形象生动的方式展现在学生面前，让学生更有兴趣参与其中，并通过对案例的分析总结巩固自身对课程知识的理解。

6.3.1.2　分组开放式教学方法改革

当前的研究生教学模式存在与本科生教学模式雷同、课程内容选择随意、结课考核不合理等诸多问题。由于研究生教学模式既涉及教师和学生之间的交流方式，又关乎到学生对本学科的兴趣程度和研究深度，因此国内外许多大学都积极探索不同的教学模式。例如，从单一传统授课式转变为讨论式、圆桌式及案例式等灵活多变的开放式教学模式；以教师为主导的单向教学模式向教师和学生双方为主体的“师生互导”的双向教学模式。在这种思路的指导下，桂林理工大学环境类专业也进行了探讨和改革，例如“环境毒理学”通过分组开放式教学，4～5 个人为一小组，教师布置 5～6 个讨论主题供学生自主选择，并启发学生获取资料和信息，要求学生最终形成个人见解和看法，在教学过程中设置 6 个持续性评估环节，即①撰写文献综述，了解相关研究的背景知识和研究动态；②设计不同的毒理学试验方案；③阶段性小测试；④观测和收集胁迫植物的样本，进行参数的分析和比对；⑤小组研究报告展示；⑥综合成绩评估。此外，“流域水文模型”“环境监测”“水分析化学”等课程均采用分组开放式教学。通过这种分组开放式教学模式不仅可以提高学生分析问题和解决问题的能力，培养学生思维的多样性和包容性，还可以培养学生的团队意识，营造开放、和睦的学术氛围，真正做到教师和学生之间的双向互动、互相促进和提升。

6.3.1.3　以创新创业为导向的教学方法改革

创新是中国社会经济发展的主要驱动力，也是国家和民族竞争力的核心要素。高校作为创新人才培养的摇篮，在国家创新发展中发挥着独特的作用。当代大学生作为国家科技创新的后备力量，探索现当代大学生的创新能力的培养途径与方法，有利于提升高校教育教学质量和科技创新水平。增强大学生的创新意识及能力是实现我国创造世界科技创新强国的不竭动力，培养年轻一代人的知识水平和科技创新能力，对推动我国高等教育的可持续发展，实现我国成为世界科技创新强国的宏伟目标，具有重要的意义。

桂林理工大学针对当代大学生科技创新能力存在以下几点问题：缺乏对科技创新的全面认识、缺乏科技创新意识和兴趣、缺乏创新激情和毅力、缺乏科技创新指导教师和资金保障等。在环境类专业课程的教学当中进行了改革，注重培养学生的创新创业能力，例如通过开设科技创新的相关课程、讲座、沙龙及竞赛等形式营造良好的科技创新氛围，建立科技创新有效管理与奖励机制，将科技创新活动与教师在研项目进行有机结合；针对“环境工程微生物学”采用综合实验的模式，采用“基础+示范→综合→设计”的教学模块循序渐进，基础和示范模块的教学同时开展，最先进行，综合实验实施和创新实验设计教学在学生掌握基本微生物实验技术的基础上开展。综合模块是学生综合实验能力的训练模块，采用“教师引导监督，学生自主安排”的方式进行，教师结合微生物技术在环境保护中的应用，激发学生学习微生物知识的兴趣，引导学生采用微生物实验技术分析不同的水污染情况，为综合实验提供物质和技术支持，以保证实验顺利实施。学生则以小组为单位，通过查阅文献、互相讨论、请教老师等方式确定实验内容和安排。在这个过程中，学生的综合实验能力得到提升，个人的创新思维能力、团队协作能力也得到提升。

此外，在环境工程、水文与水资源工程和给排水工程专业课程教学中采用项目式教学和实际案例解决的教学模式，将培养学生创新创业意识融入具体的教学实践中，并且通过定期举办专题前沿讲座、开展学术论坛等活动来激发学生的科研创新能力。

6.3.2 线上线下混合式教学方法改革

6.3.2.1 现代信息技术软件在环境类专业课程的应用

随着计算机和互联网技术的发展，现代信息化教学资源不断丰富，如何将这些资源融合到环境类专业课程的教学中，是一个需要不断持续探索的过程。例如物联网、大数据、云计算在解决水利环境问题、环境监测与预警方面的应用，是未来发展的方向。环境类专业的核心价值在于解决不断出现的环境问题，特别是近年来，企业对环境污染物的监测和风险管理向智慧化、无人化模式发展，作为环境类专业人才，须紧跟互联网的步伐，才能使自身专业特色更为突出。目前，如何调整与持续性改进环境类专业课程来适应互联网高速发展的步调，培养出适应时代发展，具有工程实践能力的社会型人才，是环境类专业教师所要面临的难题。

《水利信息化发展“十三五”规划》指出：“人才建设要根据水利信息化需要制定人才政策，建立水利信息化专业技术人才机制，充分利用各种教育资源培养形成与水利信息化进程相适应的人才队伍。”随着水利信息化的全面开展，“数字水利”与“智慧水利”逐渐渗透，高素质、专业化的基层水利人才缺口不断扩大，对高校人才培育工作带来了巨大冲击。基于此，桂林理工大学水文与水资源工程专业立足广西，面向西南地区，致力于解决岩溶地区水资源与水环境问题。其对信息化人才培养的定位是“能够使用信息化技术和工具在水利、环保、地矿、城建等领域从事水文、水资源、水环境方面的勘测、评价、规划、设计、预报、管理以及工程应用和科学研究等工作”。具体包括：①掌握水文与水资源工程专业基础理论，具备完整的工程知识体系，可以推演、分析和解决实际问题；②掌握计算机应用、互联网通信、水文数据采集、水文数据分析、水文信息管理等软硬件技术；③熟悉水利行业信息化发展动态，坚持终身学习，不断更新自身知识结构，具备开拓创新精神，以适应信息技术的变化。基于此，水文与水资源工程专业设置了“通识、专业、综合、创新”等信息化课程教学模块，主要包括“计算机知识及应用初步”“C语言程序设计”和“水利工程制图及CAD”的通识课程，“地理信息系统 GIS”和“水利信息化与智慧水利”的信息处理方面课程，以及“流域水模拟”“水文遥感及其应用”“复杂性科学与水文大数据”的技术应用研究方面课程。目前“水文学原理”已建设成广西线上线下混合式一流课程，并向社会开放；“水力学”“水文测验学”与“水土保持工程学”针对实践教学环节积累了一批信息化教学课程案例。

6.3.2.2 以“互联网+”技术为依托的网络教学平台建设

近年来，随着互联网线上教育的兴起，以互联网技术为依托的网络教学平台不断建设和完善，与专业相关的各类教学资源，如精品课程视频、MOOC、“微课”“雨课堂”等优质教学资源和教学平台也大规模公开化。伴随着互联网的发展而成长起来的一代大学生，生活中的点点滴滴几乎都与互联网息息相关，他们具备从互联网中获取各类资源的充分条件和能力，并具有随时随地均可进行学习的基础条件。网络教学平台最早由美国 Blackboard 公司研发，是根据实际需求构建的基于互联网的教学管理与沟通平台，包括网上备课、课程制作、教学素材建设、网络授课、网上交流、网上作业、网上学习、网上考试以及质量评估等多种服务的综合教学支撑平台，全面支持教学各个环节。网络课程不受时间和地点的限制，它解决了传统教学的课时少、课堂授课信息量小的缺点，使学生的学习从课堂内延伸到课堂外，保证了学生知识体系的完整性。尤其在新冠肺炎疫情防控背景下的“停课不停教，停课不停学”方针的指导下，高校教学从线下转为线上，极大地促进了网络教学平台的发展。

近年来，桂林理工大学不断完善网络教学平台的建设，供教师将自己的教学课程在网络平台共享。以水污染控制为代表的国家级精品课程“水污染控制工程”、精品视频公开课“水污染控制技术——典型案例解析”、精品资源共享课“水污染控制工程”等已在国家精品课程资源网和中国大学精品开放课程官方网站上面向全国展示，环境类专业课程教学资源已为重庆大学、广西大学和昆明理工大学等多所院校相关专业借鉴采用，在国内同类课程中发挥了良好的辐射示范作用。近年来，环境类专业教学方式从传统的线下为主，逐步改革为线上线下混合式教学，例如“环境地质学”依托网络教学平台，构建了由“课程管理模块、教学资源模块、教学活动模块和资源拓展模块”组成的网络课程设计，学生可通过课程管理模块获取课程介绍、教学大纲、教学日历、课程通知和教师信息等信息，也可以从平台中下载课件、教案、在线视频、在线动画、相关的图片观看以及提供相关网址供学生课外时间上网浏览本课程的相关内容。教学活动也由简单的线下转变为具有“答疑讨论、课程问卷、教学邮箱、教学笔记、课程作业、试题试卷库、在线测试、学习笔记”等丰富的线上活动内容，学生和教师讨论问题可不受时空限制，大大提高了教学效率。此外，在教学资源拓展模块中也实时更新一些与课程学习和研究热点问题相关的学习资料，例如由中央电视台摄制的反映我国当今水资源、土壤资源、大气质量、碳排放等方面的现状与发展的《水问》和《红线》视频，以及国内外一些重要的地质调查和环境保护相关网站，丰富了学生的课后知识拓展。此外，给排水科学与工程专业依托国家级大学生校外实习基地——桂林理工大学—南宁建宁水务投资集团有限责任公司工程实践教育中心为主的校企共建实习基地、国家级精品资源共享课“水污染控制工程”等相关资源和学校教学网站，建立了“互联网+”实践教学平台。该课程主要根据企业的用人技术能力标准进行实践教学，围绕课程设计、专业实习要求的培养目标组织文本、音视频、练习题、案例等不同性质的资源进行教学资源的建设和设计，从实习特点、资源性质、资源所处实践学习阶段、资源质量等方面建设“有用、好用、管用”的“互联网+”学习资源。

6.3.2.3　“互联网+”技术辅助教学模式改革

MOOC 教学平台是由国内外知名高校如清华大学、哈佛大学、耶鲁大学、麻省理工学院等世界名校共建的在线课程网络，学生不出校门就能跨校修读优质课程。通过引入国内外先进教学手段和优质教学资源，可以有效弥补西部地方高校教学资源分布不均的缺陷，并缩小与其他名校的差距。基于此，桂林理工大学已建成和开展“水文学”课程的 MOOC 教学，并取得不错的成效。该课程的 MOOC 平台上每一小节均有相应的在线课程视频、课后习题和该节的学生讨论区，课程视频由桂林理工大学水文专业教研室的教师主讲，根据课程内容还在课外讨论区设置了具有代表性的讨论题目，方便学生更好地整体把握知识脉络和重点内容，提高知识水平。从实践结果看，该课程受欢迎程度较高，教学效果良好，课程活跃度大大提升，学生的课程参与度高、师生互动多，较好地体现了 MOOC 教学在线讨论和在线解答的功能方面的优势，有效提升学生的学习热情，提高学习效果；同时，教师通过学生作业提交和讨论区的情况分析出学生对于某些问题如“雨强—历时”曲线、径流分割、流域产流和单位线推求等实际应用的内容把握不到位或难以理解。由此说明，以互联网为基础的现代信息技术教学方式可有效解决传统教学方式存在的学生学习积极性不高、课程参与度不足和师生交互性差等问题，并能有效提高学生对课程知识的掌握程度，进一步反馈给教师，促进教师及时改进教学方法，构建师生共同进步的良性循环。

“翻转课堂”是近几年从国外引进的一种新型教学模式，也是目前国内外教育改革的热点之一，它是一种将传统的教学时间与方式完全颠覆过来的模式，主要是课前学习、课内强化和课后复习三个环节。“翻转课堂”依赖于网络教学平台，可将网络上的各种元素有机结合，同时可与“微课”、MOOC 平台、网络课程、精品课程等深度融合。例如“环境微生物学”课程在建成网络教学平台后，实现了“翻转课堂”的教学模式改革。教师在网络教学平台中布置课前讨论、视频观看等任务，这个过程学生可自主安排时间学习；课内引导学生参与项目的“问题分析、解决方案讨论”等活动，强化重点、难点内容；课后监督学生在网络平台观看 PPT 和课外拓展资料、完成测评作业等，并回答学生在线上论坛发布的问题。

“微课”类资源通常以单个知识点为单位，具有短小精悍、知识点突出的特点，学生易于利用碎片化时间学习。教师以“微课”的形式可将枯燥无味的专业课程拆解为一个个知识点，有效分解学习任务，化大为小，化枯燥为有趣，丰富学生的学习资源。“微课”无论在专业课程教学，还是在实验教学中的应用都非常广泛，例如在“环境工程微生物实验”课程的教学中，涉及的操作规范、微生物形态识别知识拓展、微生物种类与水体质量指示等知识点较多，教师制作“微课”小视频，在授课过程中穿插播放，能提升学生的学习兴趣同时加深印象。选取“水处理工程实验技术”课程中的一个知识点“废水处理方法及废水处理的关键参数”

制作成“微课”，对传统的实验教学方法进行创新。学生们前期学习专业课和实验课后往往无法很好地将所学的专业课程形成知识体系，教师通过“微课”的形式将各门课程的知识集合，凝练出废水处理方法的废水处理关键参数的判断和选择具有实际工程应用意义。教师录制的“微课”资源可作为学生课前预习资料，辅助专业课程的“翻转”教学。

6.3.2.4 “互联网+”技术辅助互动探讨式教学方法改革

在高速发展的信息时代，借助网络信息化的技术优势，调节课堂气氛，将枯燥的课堂鲜活化，激发学生学习的动力和兴趣，是现代教学改革的主要方向。互动探讨式教学在环境类专业课程教学实践中尤为重要，因为环境类专业基础课普遍存在“教材内容繁多，教学学时短；实践环节薄弱，教学模式单一”等问题，传统教学手段对于学生理解一些较为抽象的专业课程知识点存在一定困难。采用互联网的优势，理论课程以互动探讨式展开教学，将促进师生互动，活跃课堂氛围，增加学生主体地位。例如，将“互联网+”技术应用于研究生的污染场地调查教学实践中，总体思路是：①以现行规范、导则、指南和标准为基础，构建“场调”课程基本框架；②以动画演示、案例教学为手段，精讲教学内容；③以“互联网+”背景下的网络教学平台为虚拟课程，构建“微课”、专家在线交流、自主学习、师生互动、在线测评等多种个性化教学模块。学生能够在参与度极高的虚拟课堂中，获取最新的理论知识和实践的经验。以小组为单位，学生通过网络资料收集目前国内外污染场地调查的现行规范、导则、指南和标准，并进行整理归纳和总结，构建污染场地现行技术标准框架；教师引导学生运用互联网信息技术不断完善“场调”课程资源库，例如从网络上的“微课”“雨课堂”、精品课程、网络教育等大型共享学习平台上收集“污染场地环境调查技术”“地下水污染调查方法与程序”“实验室检测分析与质量控制”等相关内容，解决资料来源匮乏、不专业和滞后等问题，也能培养学生的自主学习能力。

此外，将“有机化学”“水处理技术及典型案例解析”“环境工程项目管理与施工技术”等课程融入互动探讨式教学方法，改变了传统单一的“教师讲、学生听”的教学模式，采用课堂分组讨论辩论进行案例解析，例如在“水处理技术及典型案例解析”课程中“以桂林市黑臭水体整治为例，初步拟制出治理的基本思路与方案”，让学生以小组为团队课后查阅资料、集思广益并提出各自的解决方案，然后在后续课堂上各小组选代表讲解各自的方案，同时不同小组间相互批判提意见建议并选出较佳方案，整个过程学生各抒己见自由辩论，教师最后点评并引导学生拟制出较科学合理的方案。采用互动探讨的方式教学，从教师传授为主的模式转变为以学生为主体，可充分发挥学生的自主学习和协同学习的能力；教师仅充当引导者和启示者，传授学生自主学习的方法、资源获取的途径和解决问题的办法。学生通过分组讨论解决问题，他们的自主学习能力、自主探究能力、团队合作学习能力和独立思考能力均能得到全面提升。

6.3.3 环境类专业课程思政教学方法改革

课程思政是以课程为载体，以立德树人为根本，充分挖掘蕴含在专业知识中的德育元素，将德育渗透、贯穿到通识课、公共基础课、专业教育课教学的全过程，助力学生全面发展。课程思政不仅是当前思政教育的重要部分，同时也可以有效地促进专业知识的教学，两者相辅相成。课程思政并不是简单的说教，也没有直接占用专业课程的时间，而是在教学过程中，在合适的时候点出了教学内容所蕴含的道德意义，从另一个角度加深了教学内容对学生的影响，促进了学生对教学内容的外延思考。此外，大学生具有阅历浅、好奇心强、世界观尚未定型等特点，在互联网技术迅猛发展及全球化的影响下，大学生极易受到各种社会思潮和文化的影响。新时代背景下加强环境类专业学生的思政教育，强化其新时代责任感和历史使命感，能更好地为社会主义事业培养合格的建设者和可靠的接班人。高校是学习和宣传马克思主义、培育和弘扬社会主义核心价值观的主阵地。

6.3.3.1　环境类课程融入思政元素的方法

（1）充分利用绪论课，升华课程意义

环境类专业课程的绪论多为抽象性、概括性内容，采用传统模式很容易使初次接触该课程的学生觉得乏味，难以达到预期的教学效果，可以在教学过程中穿插一些实例，增强课程的趣味性，同时达到育人的目标。例如“环境地质学”课程可以引入抗震救灾的案例，将解放军战士不怕牺牲、保护人民群众生命安全、在危难之际互爱互助的精神贯穿到课堂中；或者通过设问“如果作为专业人员，发生次生地质灾害（如山体滑坡、堰塞湖的形成等）时，我们能做什么？”引导学生进一步体会学习环境地质学的重要意义，明白自身的责任，进而激发他们的学习动力。“水利经济”课程绪论以中美贸易活动为切入点，使学生理解经济对于国家、民众的重要影响，帮助学生树立正确的金钱观、消费观，使学生认识到安全稳定的重要性，培养学生的爱国主义情怀；引入意大利的瓦伊昂大坝溃坝及埃及的阿斯旺大坝对环境的负面影响实例，使学生了解到水利工程对国计民生的重要意义，培养学生的工程伦理意识和责任意识，树立尊重自然、顺应自然、保护自然的生态文明理念。

（2）利用互联网技术充分挖掘专业课程思政素材，融入教学各个环节

互联网资源丰富多彩，教师应充分挖掘专业课程相关的思政教育题材，例如在讲到环境地质灾害的研究和治理方面的内容时，可收集一些环境地质学家的相关事迹作为补充材料介绍给学生，一方面可以将环境地质学的实用性展现出来，另一方面也可以将环境地质学家为国奉献的爱国主义精神向学生展示。思政教育是自由发挥空间最大的一个部分，其形式多样，不仅可丰富课堂内容，还能引导学生深入思考课程学习的现实意义，例如在讲到环境污染相关内容时，将水污染、固体废物管理及人类活动对全球气候变化的影响等与生态文明建设联系起来，有助于培养学生的生态环境保护意识。

（3）利用互联网资源引导学生关注国内外环境问题

近年来，国家工业的发展，给环境带来了一定的压力，出现了雾霾、酸雨等环境问题，部分学生对我国的科学技术和综合国力不自信，认为发达国家不会出现环境问题。我国的发展模式虽然带来了很多环境问题，但是美英等发达国家也存在能源消耗、资源枯竭等环境问题。历史中发达国家在城市建设上对生态环境的压力更大，生态破坏是全球性的，不单是某一国家的问题。日本的核泄漏事件对海洋水体造成污染；澳大利亚的大火影响了全球的生态平衡。当然值得肯定的是发达国家的环保措施对我国有借鉴意义，但也需要结合我国实际情况灵活运用。中国的生态环境保护发展是一个不断被重视、不断积累经验、不断成熟的过程。党的十八大报告中把生态文明建设放在重要位置，并将生态保护与中国特色社会主义事业紧紧捆绑，“五位一体”的总布局其中就有生态战略，国民经济在未来的发展中需要更全面地实施生态文明建设。

（4）融入马克思主义哲学，树立正确的价值观和方法论

马克思主义哲学的学习有助于增强学生的中国特色社会主义信仰，分清是非，获得正确认识世界的思维方式、方法，提高思想素质，培养学生全面分析复杂工程问题的能力。有利于学生从社会、安全和文化等方面对水利工程的影响做出合理分析，这符合工程教育认证的要求。例如讲授“水利经济”课程的“社会评价和综合评价”章节时，教师可首先介绍水利水电工程的重要性，即降低了灾害发生的频率和危害程度，为防洪、灌溉、供水、发电及生态环境的改善提供了安全保障，为人民提供了稳定的生产、生活环境，进而提出在对水利工程项目特别是新建项目进行经济评价时，必须坚持一切从实际出发，全面看待问题，充分发挥主观能动性和创新精神，减少或避免项目的负面影响。

6.3.3.2 多元化教学方法促进课程思政形式多样化

（1）环境类课程思政的案例式教学法

案例教学是通过给学生例举案例达到拓展知识、促进思想发展的方式，在环

境类专业课程中，教师通过选取多个不同的案例，将案例与知识点巧妙结合，以激发学生积极思想与正确的价值取向。例如教师可以针对切尔诺贝利核泄漏事件给邻国带来的污染，让学生意识到地球上的每一个生命都是平等的，保护生态环境是各国人民共同的责任与义务。通过分析案例可以生动形象地让学生树立人与自然和谐共生的价值观，同时增强其保护生态环境的意识。

（2）环境类课程的互动式教学法

互动式教学有助于学生掌握专业技能，更有利于发展学生的创新思维。例如，通过师生互动、生生互动的方式让学生就各项环境保护的措施进行研究，互相探讨科技对环境保护的重要性。学生积极讨论分析，既活跃了课堂氛围，同时也使学生对社会主义核心价值观与民主自由的社会氛围有了更深刻的认识。教师可以对不同的知识点采用不同形式的互动方式，例如可以举行小型辩论会、课堂提问等方式将思政内容渗透于环境问题中。

（3）环境类课程的启发式教学法

启发式教学的重要任务就是通过教师引导培养学生的创新能力和想象能力，教师可以针对某些知识点对学生进行启发，让学生在独立思考的过程中认同社会价值理念，创新自身的思维模式。例如，教师可以让学生收集有关温室效应的资料思考全球变暖的几大重要因素，再通过这些环境问题让学生思考治理方法，使学生明白科技是第一生产力的道理，从而明白创新自身知识的重要性。通过启发式教学可以将学生的创新意识与思想高度统一，促进学生全面发展。

近年来，桂林理工大学环境类专业不断强化课程思政和专业思政，深入研究专业人才培养特点和专业能力素质要求，指导专业教师科学合理地设计教学内容，推动每一门课程中有机融入思想政治教育元素，例如“现代水业认知与探索”课程充分融入生态文明建设思想和漓江水文化等思政教育元素，“泵与泵站”课程融入水资源不足、水资源保护等思想内容，“水质工程学”“水利经济学”等专业课程均将思政元素融入课程建设与改革、实验实践教学建设与改革中，打造专业思政教育教学体系。

6.3.4 虚拟仿真技术辅助教学方法改革实践

6.3.4.1 虚拟仿真辅助教学的优点

虚拟仿真辅助教学是基于知识点掌握、能力点达成和社会素质需求等数据，科学统筹传统教学与虚拟仿真实践比例，在“认知与理解、学习与模拟、实训与实习”的“三步递进法”实践教学模式中融入灵活、自主、多元的实践教学手段；多维集成通信技术、计算机技术、微电子技术和传感技术等多种现代信息技术更新和丰富实践教学方式，虚实结合实现学生个性化专业技能的精准培养。

环境类专业课程的虚拟仿真教学主要是对野外生态实习、污水处理工艺实习、工艺现场调试和大型仪器操作等涉及高耗材或难以完成的实验项目进行实虚结合的仿真操作训练，对生态环境演变、突发环境安全事件、水资源变化与生态保护等耗时长、污染严重和难直观演示的大型工程推演实验进行“虚实结合”的模拟仿真教学，将涉及高危或极端的环境、不可及或不可逆的操作，高成本、高消耗、大型或综合实验进行虚拟仿真化。主要的优点有以下几方面。

（1）提高野外实习的安全系数，实现实验教学的重复性和再现性

环境类专业经常需要进行野外实习，如流域的环境生态考察、给水厂现场实习、污水处理厂现场实习、地下水污染考察、水文水资源野外实习等。采用虚拟仿真技术建成野外实习模拟资源库，可承担部分隐蔽工程和存在安全隐患的实习。师生在进入实习现场之前可以不受气候、季节、汛期、周期性的制约，开展相关环节的重复性虚拟仿真培训和演练，对已经消失、濒临绝迹的生态环境、生物和植物进行技术虚拟再现，能大大提升野外实习效果及人身安全系数。

（2）进厂实习前开展虚拟仿真实习，完成预热实习，保证实验教学的完整性和有效性

在传统的环境类现场参观实习和实训中，企业生产线不能随时提供调试、停机讲解等教学条件，学生现场参观多流于“走马观花”式实习。“多媒体+实物”

的虚拟实训方法可让学生直观地了解即将进入的实习环境，在经典工艺的结构认识、构筑物的动手调试、污水处理厂的主控指标测试等环节开展预热性实习，利于学生在现场找准目标、把握重点开展实习，从而大大提升实习实训教学效果。例如在“污水净化厂 AAO[①]工艺虚拟仿真实验室”，学生可以真正动手尝试调试生产线真实的装置实体，模拟生产时不进真实工艺原料，装置内部保持常温常压状态，依赖动态水处理仿真软件的计算和输出产生现象，允许学生进行“犯错—改正—优化”的调试实训过程教学，创设情景式教学，大大提升学生的工艺调试技能培训效果，提高学生的创造能力。

（3）降低大型仪器设备的使用消耗，实现实验教学的集约性和持续性

大型精密仪器设备的使用授课大多存在预热耗时长、上机训练耗材费用高、仪器设备自损较大以及授课设备分析精度恢复难度大等问题。利用单机脱机软件的虚拟仿真培训手段可让学生直观了解设备构造、维护以及耗材安装调试等，结合脱机软件开展虚拟仿真设备开机、进样、点火、测试、数据获取、数据处理等实训，过程中不需要真实开启大型仪器设备，不需要消耗真实样品即可达到良好的仪器使用培训效果。

（4）降低实验过程中存在的毒、爆、火、水等风险，确保实验教学的安全性

环境类实验存在与化学实验类似的试剂污染、爆、毒、腐、火、水和电等安全隐患。整合环境类实验虚拟仿真教学动画辅助涉及安全隐患的实验教学，可让学生在网上资源共享系统了解相关实验过程，并虚拟完成实验过程，减少实验过程对化学试剂的浪费，同时大大提高学生自身对实验过程的防爆、防毒、防腐、防火、防水和防触电意识，对相关过程开展针对性的避免措施，提高实验过程的安全性。

传统实验教学使用大量化学试剂，人为产生水体污染物、固体废物和大气污染物等，更有甚者，为了追求模拟某特殊污染物的净化处理，实验教学过程配置了重金属污染物以及剧毒污染物，其所造成的污染需花费巨额成本才能完成净化处

① AAO，Anaerobic-Anoxic-Oxic，即厌氧-缺氧-好氧。AAO 工艺是一种常见的污水处理工艺。

置。通过校企联合，进行特殊实验项目的虚拟仿真实验软件开发，对产生污染物或者涉及昂贵试剂耗材的实验项目进行虚拟仿真化，开展绿色减排式仿真教学，可减少实验室日常实验教学带来的污染物，降低实验室运行成本。

6.3.4.2 虚拟仿真实验教学资源建设与教学方法改革

虚拟仿真教学以科研成果与工程实践融合为基础，多方联动增强实训与实习教学实效，多方位交流与优质教学资源共享，探索出一条现代教育信息技术多维促进环境类专业本科实践教学改革与开放共享的特色建设之路，有效提高环境类本科实践教学质量与学生专业素养。虚拟仿真实验平台包含许多模块，教师可根据不同的专业课程自主选择和组合，进行不同课程的实践教学。下面以桂林理工大学为例，总结环境类专科虚拟仿真教学方法改革的具体措施。

桂林理工大学在水污染控制国家级实验教学示范中心以及环境污染防治与生态保护虚拟仿真国家级实验教学中心的建设基础上，利用虚拟仿真教学资源丰富多个专业的实验实践教学环节，例如环境工程、环境科学、给排水科学与工程、水文与水资源工程、地下水科学与工程、化学工程与工艺、生物工程、土木工程、风景园林等15个本科专业。主要教学模块包括环境安全事件应急管理及虚拟仿真教学资源库、单体实验教学项目模拟动画库、大型仪器模拟操作软件库、野外实习模拟资源库、大型工程实体模拟教学资源库、微生物仿真教学资源库和单体实验教学项目教学视频库共7个教学资源库，开设相关实验项目100余项。此外，将教师的实验教学视频和优质教学图片集成至虚拟仿真中心的“口袋中的实验室”资源库中，学生可利用手机扫描二维码进入平台开展网上实验学习、交流，同时在平台上学生可进行实验项目、仪器使用和课程的预约。

虚拟仿真中心秉承“以学生为本的人文环境，坚持把知识传授、能力培养和素质提高贯穿于实验教学始终”的教学理念，以加强学生创新意识和综合素质培养为核心，面向环境工程、环境科学、给排水科学与工程及其他相关专业，建立了“一核心、三层次、五结合、七库源”的实验教学体系（图6-1）。

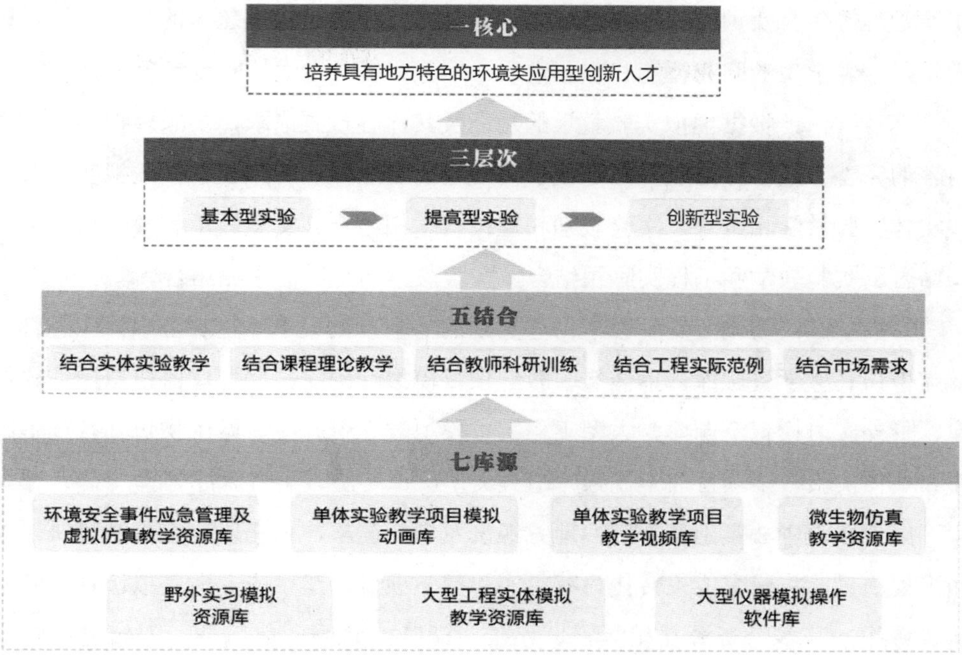

图 6-1　虚拟实验教学体系

“一核心”：紧密围绕服务地方经济社会发展，确立“培养具有地方特色的环境类应用型创新人才”为核心。

“三层次”：根据人才培养阶段将实验内容划分为基本型实验、提高型实验、创新型实验。基本型实验为根据不同专业分别开设的基础实验课，培养学生的专业基本技能，包括流体力学、水环境化学、环境监测等基础性实验。提高型实验将实验思想、方法和技术融入解决具体科学问题，使学生对环境类实验的设计、实施、疑难问题的解决、实验方法的衔接运用、实验结果整理等关键环节和重要问题有比较深刻的理解和提高。创新型实验根据市场需求，实验教学支持大学生科技立项、教师科研、工程实际应用的融入，培养学生独立完成实验设计→探索研究→成果总结的全过程，培养他们的科研思维和研究兴趣。与实际生产实习相结合，为学生真正介入生产一线创设虚拟仿真场景，提供工艺调试、设备维护和生产管理等仿真实训条件，允许学生完成“犯错—改正—优化”的生产实训过程教学，培养学生的职业技能和职业素质，培养和提升学生的职场竞争力。

“五结合”：根据虚拟实验教学的功能及其内容设置需求，要求虚拟实验教学内容的完善、教学方法的优化等教学元素建设满足以下 5 个要求：虚拟实验教学和实体实验教学相结合、实验教学和理论教学相结合、实验教学和教师科研训练相结合、实验教学和工程实际相结合、实验教学和市场需求相结合。

“七库源”：为满足实验教学内容类别的需求，创设了环境安全事件应急管理及虚拟仿真教学资源库、单体实验教学项目模拟动画库、大型仪器模拟操作软件库、野外实习模拟资源库、大型工程实体模拟教学资源库、微生物仿真教学资源库和单体实验教学项目教学视频库七大类型虚拟实验教学资源库。

虚拟仿真中心紧密结合广西地方经济发展的需求，依托以往完成的科研课题和工程项目，将研究成果转化为特色实验教学项目，建设成七大虚拟仿真实验教学资源库，其多个资源互相配置、连接、调节，共服务环境类、土建类和旅游管理类的 15 个专业 17 门实验课程的实验项目，支撑 46 门理论课程、11 门专业实习和 9 门专业设计课程，基本覆盖了环境类专业的主要专业基础课和专业课（图 6-2）。

（1）环境安全事件应急管理及虚拟仿真教学资源库

根据中心的环境类人才培养目标，通过虚拟仿真手段，模拟危险物质泄漏事故模拟应急处置、流域突发性水污染事件模拟应急处置和大型建筑物消防安全模拟管理与应急等，设置交互动作，设定考核管理方法模块，同时制作常见实验事故的应急预案演练动画，废水、固体废物的安全处置方式方法模拟等软件，对学生开展环境污染事件的应急处理能力培养、消防安全事件和实验室常见事故的应急处理能力培养，让学生在没有污染事件的情境下经历环境污染事故，提升学生环境类污染事故处理的应急管理能力。目前开设危险物质泄漏事故模拟应急处置、大型建筑物消防安全模拟管理与应急、实验安全基本教育等实验项目。

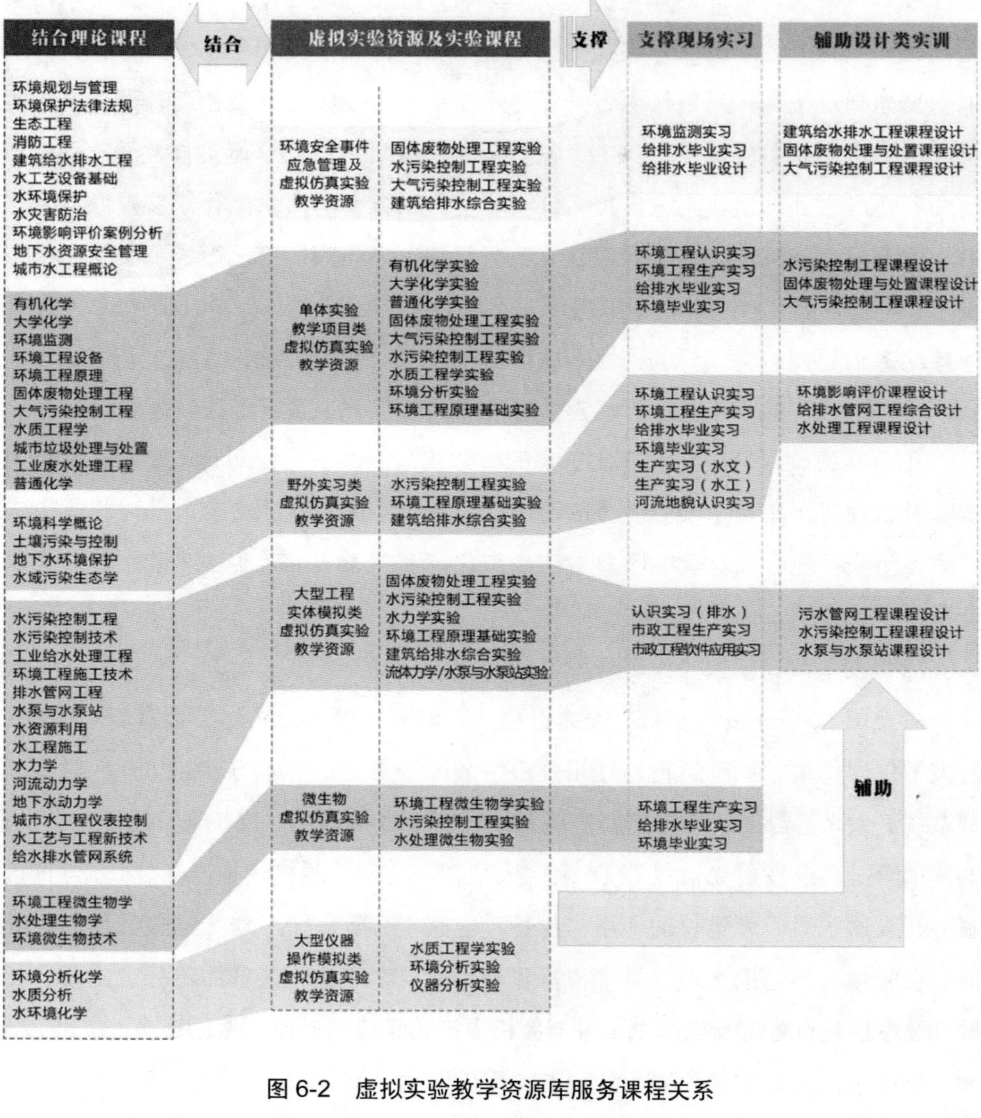

图 6-2　虚拟实验教学资源库服务课程关系

（2）单体实验教学项目模拟动画库

以现有的国家级精品课程、广西区级精品课程以及获得国家级和省级奖励的多媒体课件为依托，建设了一批高质量的实验教学模拟动画，并与北京东方仿真软件技术有限公司等国内知名仿真软件公司开展多途径合作，建设一大批水污染控制、大气污染控制、固体废物安全处置、噪声污染防治和生态保护等相关的虚拟仿真动画及视频，可直接服务开设污水净化厂现场实习、工艺运行调试实训实验和水质指标化学需氧量（COD）测试等实验项目。依托单体实验教学项目模拟动画库建成水处理经典工艺虚拟实训实验室，依据实际污水净化厂装置原型，建设等比例缩小装置。安装真实仪表、执行机构、操作阀，工艺流程基于动态模拟技术，有真实的装置实体，模拟生产时不进真实工艺原料，装置内部常温、常压，依赖动态水处理仿真软件的计算和输出产生现象。学生可进行真实工艺调试实训操作，实时数字显示工艺运行状态、参数以及工艺调试运行结果，配合污水净化厂“3D”实习软件开展污水净化工艺的整体实习。该库可辅助其他资源开设多门实验教学项目，拓宽了实验教学的范围，丰富了实验教学的内容，同时将具有成本高、污染环境、高危险的实验数字虚拟化，避免了实际实验中可能用到的大量有毒、有害试剂。

（3）大型仪器模拟操作软件库

与美国 PerkinElmer 公司、安捷伦科技有限公司等联合共建实验室，对所购置的大型仪器都进行原理解析、使用规范、故障分析处理等多方面的仿真教学及训练系统开发，免费使用所有模拟仿真系统应用于教学。目前拥有原子吸收光谱仪、电感耦合等离子发射光谱仪等 10 余台大型精密仪器的脱机模拟操作软件，可直接服务开设原子吸收光谱仪的使用与维护、电感耦合等离子发射光谱仪的使用与维护等实验项目。借助大型仪器模拟操作软件库，学生在不浪费昂贵标准物质、耗材以及不损耗设备寿命的基础上开展脱机虚拟仿真模拟操作，做足真实上机准备，大大提高了学生对大型仪器的使用熟练程度和动手测样水平。

（4）野外实习模拟资源库

以漓江元素贯穿建成漓江流域生态虚拟仿真实验室，制成相关景观模拟演示片。与深圳市骄阳数字图像技术有限责任公司联合设计和开发的环境污染防治与生态保护模拟中心，致力于对漓江流域生态保护、环境改善等方面的虚拟推演以及漓江流域鱼类生存状态的动态模拟，“3D”虚拟还原漓江生态演变历史，让学生更加生动直观地了解漓江流域的生态与环境状态，建成一批生态模拟标样、污染处理过程演示的高科技产品，提高学生实习效果。该库的建成可直接服务开设漓江流域水体生物多样性野外考察实习、漓江流域形成过程及其演变和漓江流域污染与治理现状考察等实验项目。

（5）大型工程实体模拟教学资源库

根据专业与学科教学的需要，建立了实体与虚拟模拟软件相结合的大型工程实体教学资源，用小型化的实体模型开展工程模拟教学，涉及实验教学设备 200 余台（套）。同时建设实体实验设备配套运行的 CAI 交互模拟操作教学软件，对生态环境变化、污染物迁移、水处理单体构筑物运行和大型水厂运行与调试等耗时长、污染严重、难以直观表现的实验过程进行单机软件模拟。可联合服务开设流体静力学实验、土壤侵蚀与流域产沙模拟实验、岩溶管道水流模拟实验和鱼类回避胁迫实验等实验教学项目。

（6）微生物仿真教学资源库

以环境科学与工程学科涉及的经典水处理微生物标片、图片、视频以及相关多媒体课件为主体，建设了一批可展现微生物形态、生理、生长繁殖和遗传变异等反映环境工程微生物学的全部教学内容的优质实验教学资源，可直接服务开设普通光学显微镜的使用、培养基的制备与灭菌和细菌的纯种分离等实验项目。学生通过微生物仿真教学平台开展数字切片，替代真实切片，教师可快速捕捉学生实时微生物观察图像并进行标片对比分析，极大地提高了环境类微生物类实验效果。

（7）单体实验教学项目教学视频库

以国家级精品视频公开课、国家级资源共享课程为依托，优选经验丰富的教师对单体实验教学项目开展课堂现场录像，对成熟的、精彩的教学剪辑制成实验教学视频和辅助实验教学视频，通过网络平台面向学生群体以及社会人士免费共享，共同学习讨论，其中部分视频已被爱课网、网易公开课等收录。该视频库可直接服务或辅助开设酸性废水过滤中和及其吹脱、污泥几个重要性能指标的测定等实验项目。学生在开展实验授课前进行网络视频学习，提前完成实验流程及相关知识的学习与了解，大大提高了学生对实验课兴趣以及理解容易度。

6.3.4.3 虚拟仿真技术进一步促进教学实践改革

虚拟仿真技术在教学实践的应用是未来必然的发展方向，环境类课程均应充分利用现代信息技术持续探索，不断改进。通过虚拟仿真课程，学生可以操作工艺中的每个细节，对自己不熟悉的工艺流程、设备使用和施工方案等进行反复操作，使学生在企业实习的基础上，试图解决工程的实际问题，提高学生实践能力。下面以桂林理工大学经典虚拟仿真课程“基于高排放标准的城市生活污水净化典型 AAO 工艺实验实训”的教学实施过程为例，浅析虚拟仿真教学方法改革。该课程结构设置如图 6-3 所示。

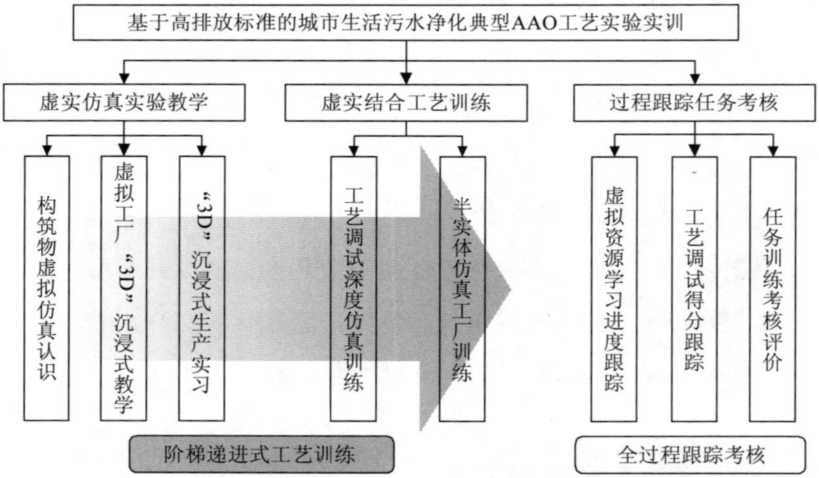

图 6-3 基于高排放标准的城市生活污水净化典型 AAO 工艺实验实训课程结构设置

在实施过程中，设置工艺感性认识、工艺构筑物剖析、工艺生产线调试 3 个环节（图 6-4），着重培养学生掌握污水净化厂的布设原则、主体构筑物的工作原理、工艺调试、运行、维护和事故处理等方面的专业知识和操作技巧，训练学生的污水处理工艺运行优化、智能控制等专业技能，具备从事污水净化厂的设计、生产运营管理、故障排查与处置等工作的能力。

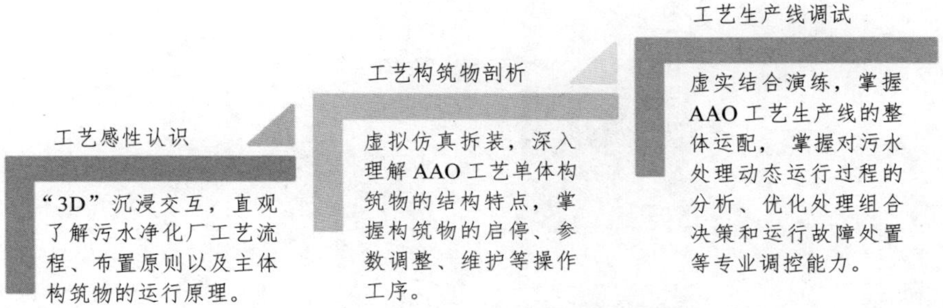

图 6-4　项目教学体系构建原则

具体实施过程如下：①组建以学生自主探讨为主，校内外导师共同指导为辅的学习团队；②将“科研成果”融入实践教学之中，采用“‘3D’虚拟仿真实验+线上工艺调试深度训练+仿真工厂模拟实操”“三位一体”递进式的学习模式，激发学生的主观能动性和创新能力；③在线上虚拟仿真教学中，学生在虚拟情境中直观认知污水净化厂的总体概况、构筑物与设备的内部构造、运行原理，开展桌面沉浸式生产实习和设备拆装；在拓展的实验内容半实物仿真工厂实训中，进行工艺线运行调试与故障处置的动手演练；通过这种递进式的训练模式，虚实结合的实验教学方法，达成该项目知识点的掌握和专业技能提升的目的；④倡导学生独立思考、团队探讨和协作调试，建立全过程跟踪考核评价体系，对实训过程进行同步考核；⑤根据全过程跟踪、项目完成情况等对学习的目标、过程、结果、互动与支持性情况等进行反思与评价。

实践教学以“虚实结合、相互补充、能实不虚”为原则，基于实验项目教学网站集成的“虚拟仿真实验教学”“虚实结合工艺训练”和“过程跟踪任务考核”三大模块（共 6 个环节），学生依照“工艺整体认识—单体构筑物认识—工艺参数调试仿真训练—生产线调试仿真训练—半实体仿真工厂训练”的递进式学习思路（图 6-5），开展“虚拟工厂‘3D’沉浸式教学”“构筑物虚拟仿真认识教学”“工艺参数调试仿真教学”“生产线调试仿真教学”“半实体仿真工厂训练”和“任务考核”6 个环节的实验教学，完成相关知识点的教学要求，达成预期培养目的。

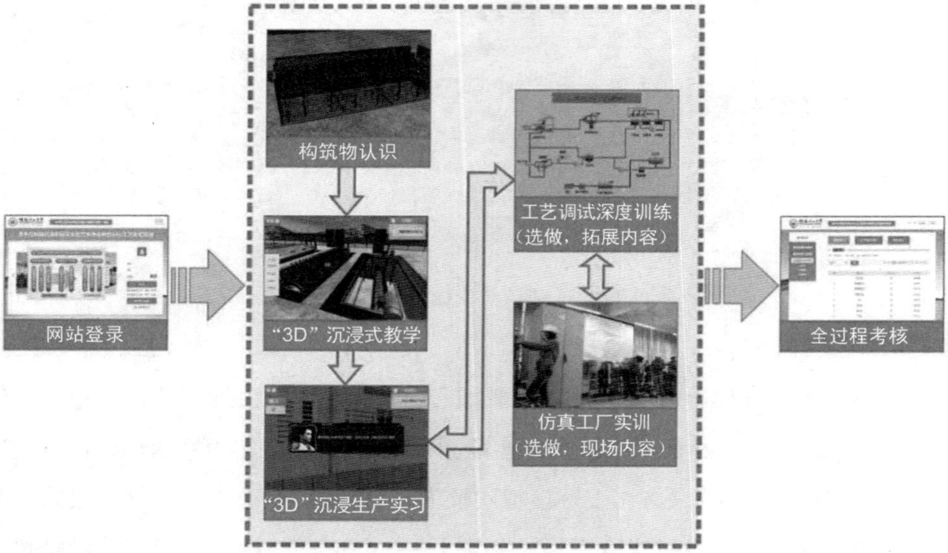

图 6-5　基于高排放标准的城市生活污水净化典型 AAO 工艺实验实训流程图

（1）城市污水净化厂的总平面布局和设计原则的学习

学生在“3D”流媒体动画环境下，直观认识格栅、提升泵房、生物池、二沉池等单体构筑物和离心脱水机、压滤机、水流旋流器等主要设备的内部结构构造，深入理解其运行原理，全面了解城市生活污水净化厂 AAO 工艺流程、运行原理和设计原则；根据 AAO 工艺实训的要求，正确选择与 AAO 工艺直接相关的工艺流程、主体构筑物（初沉池、生物池、二沉池、污泥浓缩池等）、主要设备（污水提升泵站、格栅、板框压滤机等）进行学习；通过“3D”原理动画及解说的理解，与同组同学分享和讨论构筑物的结构优缺点、运行原理等。

（2）城市污水净化 AAO 工艺流程及其运行基本原理的学习

学生在“3D”虚拟环境下直观认识一个完整的城市生活污水净化厂的总平面布局，了解厂址的选择、各构筑物的平面布置、各构筑物之间管道和渠道的布设、道路设计、高程设计和辅助建筑物等的设计原则。学生进入厂区漫游模块，虚拟技术员对本模块进行简介，进入桂林七里店污水净化厂“3D”漫游总布局图，观察学习各构筑物的平面布置、各构筑物之间管道和渠道的布设等。在该环节中，学生可通过虚拟工厂“3D”沉浸式教学环节学习 6 个构筑物（沉砂池、生物池、分配井、二沉池、消毒池、浓缩池）和 5 个机械类设备（提升泵房、格栅、鼓风机房、脱水机房、转盘过滤池）的工作原理、设计参数、构造特点等相关知识点，初步掌握整体工艺流程中各工段的污水净化基本原理。

（3）城市污水净化 AAO 工艺主体构筑物内部结构和运行原理学习

学生通过构筑物虚拟仿真认识环节和虚拟工厂“3D”沉浸式教学环节，在“3D”流媒体动画环境下，直观认识 AAO 工艺中格栅、提升泵房、生物池、二沉池等单体构筑物和离心脱水机、压滤机、水流旋流器等主要设备的内部结构及拆装过程，深入理解其运行原理。

（4）城市污水净化 AAO 工艺的中控系统、单体构筑物运行控制方法与手段学习

学生通过工艺参数仿真式教学、生产线调试仿真教学等环节，对比操作污水处理生物法中常见的 AAO 工艺和氧化沟工艺的“2D-DCS”虚拟仿真实验系统。认识并理解 AAO 工艺和氧化沟工艺主要构筑物的异同点，并学习二者中控系统的具体操作、单体构筑物的启停机控制方法、整体工艺运行的控制手段。

（5）城市污水净化 AAO 工艺重要运行参数的设置与优化方法学习

学生通过虚拟工厂“3D”沉浸式教学环节和半实体仿真工厂训练环节，在“3D”虚拟环境、“2D-DCS”虚拟城市污水净化 AAO 工艺仿真操作系统和半实体仿真工厂中，学习工艺流程、总控阀门的调控、各分控阀门的开关顺序及流量设置、提升泵运行的控制、各主体构筑物运行参数优化设置、启停车和运行工况巡

视等内容。

（6）城市污水净化 AAO 工艺运行生产故障应急处理方法与调试技巧学习

学生通过半实体仿真工厂训练环节，在城市污水净化 AAO 工艺半实体仿真工厂中，学生在通过动手调控风机、投药装置、内外回流比、紫外消毒等运行参数，处理运行过程中出现的进出水 pH、COD、氨氮、总氮、总磷等指标异常情况，熟练掌握其应急处理方法和调试技巧。

该实验采用线上、线下相结合的实验教学模式，坚持“虚实结合、相互补充、能实不虚”的原则，采用“网络虚拟教学—网络仿真调试—半实体仿真工厂训练”的递进式教学模式，利用线上的虚拟仿真模块弥补现场实习教学中不可动和观测盲点等不足，让每一位学生都能在“真实、可动、可测、综合”的虚拟实验环境下完成实验任务。通过虚拟仿真多维集成通信技术、计算机技术、微电子技术和传感技术等多种现代信息技术更新实践教学方式，通过网络教学平台提供的多种先进实践教学方式选择实施的平台，集成“传统验证实验+虚拟工艺搭建+仿真试验结果”的多样化信息化教学手段，为学生的实验实践提供多种可能尝试，提升了实习实验教学实效，强化了学生专技个性化发展、优化了学生创新素质培养。

6.3.4.4 虚拟仿真平台共享

虚拟仿真教学平台不仅可作为本校学生的实践教学平台，还能作为共享资源，达到多方联合、校企协同育人的目的。例如以“基于高排放标准的城市生活污水净化典型 AAO 工艺实验实训”课程为基础建成的单机软件模拟仿真实验平台，在互联网平台共享后，学生可根据网站设置的二维码访问端，随时随地利用手机直接扫描访问，对网站共享虚拟仿真实验教学资源进行浏览、学习和交流，提前对实验内容进行电子教案浏览、课件访问等网络预习和复习。

该平台包括的城市自来水厂仿真系统、化工原理实验仿真系统、污水处理实习仿真系统和流体力学单体实验项目模拟系统，可由教师根据教学需要任意调配组成实验学习任务。例如环境科学专业认识实习、漓江生态考察野外实习等实验教学项目，定时定量定目标地发送学习任务给班级学生，这不仅能将实验中具有成本高、污染环境、高危险的化学实验数字虚拟化，还能将难以实现的污水处理厂、自来水厂运作实时调控实习进行系统模拟化，解决了耗时长、见效慢的实习问题，避免了实际实验中可能用到的大量有毒、有害试剂。学生利用专有账户登录后可获取实验教学资料、课件，实验内容、项目、报告书，仪器设备基本操作指南等资源，可完成学习任务，并可在线提交实验报告和在线交流讨论，教师在线批阅并给予反馈。

第7章

环境类专业理论与实践教学融合的质量监控与保障体系构建

7.1　人才培养目标的修订与评价制度

环境工程、给排水科学与工程等专业都形成了定期评价培养目标合理性机制，每4年对专业本科人才培养目标的合理性进行评价，并根据评价结果进行修订。

7.1.1　培养目标合理性的评价制度和措施

为了评价培养目标的合理性，桂林理工大学环境科学与工程学院制定了《环境工程专业培养目标合理性与达成情况评价实施办法（试行）》《给排水科学与工程专业培养目标合理性与达成情况评价实施办法（试行）》。该实施办法从参与人员、评价周期、评价依据和评价方法四方面对环境类专业的培养目标合理性和达成度的评价进行了具体的规定。

在培养目标合理性评价措施方面，环境学院于2015年制定并实施了《环境科学与工程学院毕业生跟踪反馈和社会评价制度》，为充分了解专业培养目标定位是否准确合适，培养目标是否与经济社会发展的需求相符提供了制度保证。环境学院建立的毕业生跟踪反馈和社会评价制度，由环境学院院长牵头，主管学生工作副书记、教学副院长、教研室主任、负责就业的学工教师和班主任共同组成调查小组，对环境类专业人才的需求、人才培养的方式方法，课程设置、教学内容等进行调查研究，对校友的表现和素质、发展后劲等给出评价，社会评价采取问卷调查、走访、座谈等方式。通过汇总分析上述不同方式得到的有关培养目标的评价基础信息，评价培养目标的合理性。环境类专业培养目标的制定及合理性评价过程见图 7-1，具体的培养目标合理性评价制度和措施包括校内评价和校外评价两方面。

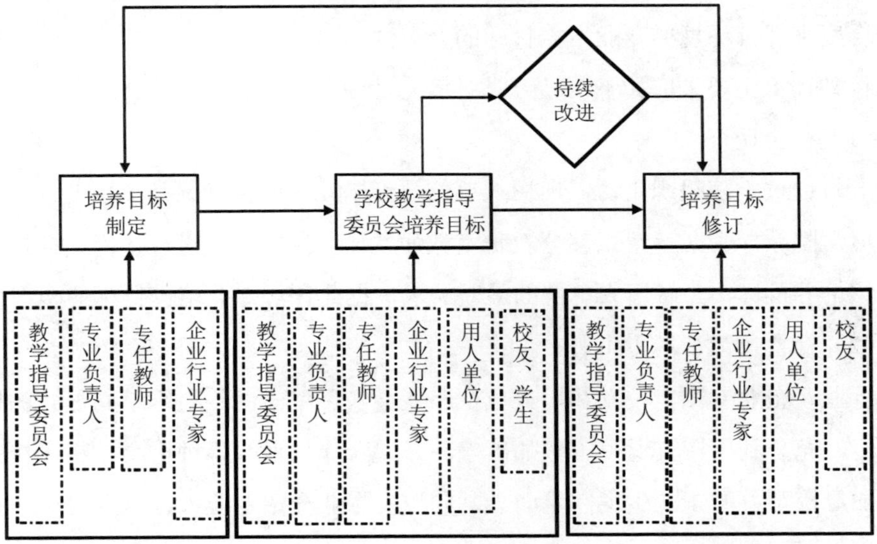

图 7-1　当前培养目标的制定及评价流程

7.1.1.1　校内评价

培养目标合理性校内评价主要是在每 4 年一次的人才培养方案修订过程中进行。教研室召集全体教师召开培养方案修订研讨会，充分讨论环境类专业人才培养方案中培养目标合理性，以及课程设置、开课时间、课时数、实践教学环节的设置合理性、专业特色性及其与培养目标、职业规划的一致性，并从专业培养目标与学校办学定位的契合程度以及培养方案对培养目标的支撑程度来评价培养目标的合理性。校内评价参会人员包括负责教学工作的副院长、专业负责人、教学骨干、任课教师代表、辅导员和学生代表等。

7.1.1.2 校外评价

培养目标合理性校外评价是培养目标合理性评价的重要部分，主要是通过分析培养目标与毕业生毕业 5 年左右的职业和专业成就、社会经济发展与行业需求的吻合度来评价环境类专业培养目标的合理性。

校外评价主要采取如下两种方式对培养目标合理性进行评估。

（1）社会调查

一般通过学院组织走访，向用人单位征询毕业生服务状况和工作业绩。主要由环境学院领导带队，组织部分教研室教师参加，深入企业进行访问，向用人单位介绍培养目标，了解用人单位的最新需求，据此评价专业培养目标的合理性。

（2）社会反馈

行业及企业专家、校友和用人单位座谈会。环境学院还组织不同形式的校友座谈会，充分利用校友返校、教师出差、开展合作项目等各种机会，组织校友企业参加母校举办的毕业生供需见面会，向校友企业介绍专业人才培养目标，推荐环境类专业的应届毕业生。在各地校友会中组建环境类专业校友群，使应届毕业生在就业与创业方面及时得到地方校友分会，特别是环境类专业校友群的帮助。充分倾听校友的意见和建议，评价培养目标的合理性。

①用人单位调查。毕业生招聘会上，环境学院负责学生工作的老师、专业教学负责人会及时与用人单位交流，了解并收集用人单位对环境类专业毕业生的评价情况以及用人单位的需求情况。通过向用人单位发放问卷调查的形式，了解毕业生的工作能力和社会适应能力，了解毕业生的发展状况，来评价培养目标的

合理性。

②毕业生就业情况。毕业生就业情况是专业培养目标合理性评价的直接评判依据，也在一定程度上反映了社会对专业培养目标的满意度，以及对于桂林理工大学环境工程、给排水科学与工程等专业毕业生的认可度。经过调查反馈，环境类专业的毕业生近 3 年就业率常年保持在 97%以上，普遍受到用人单位的欢迎和认可，每年都有一批用人单位直接来环境学院进行招聘，举办专场招聘会。

7.1.2　当前执行的培养目标修订制度

培养目标的修订主要是基于培养目标合理性评价的结果。原则上每 4 年为一个修订周期，但可根据经济建设、社会发展和科技进步的需要适当调整，但必须提交修订申请报告，并附上修订后专业培养方案报教务处审批，必要时需报主管校长审批。桂林理工大学人才培养方案制（修）订工作的组织与要求如下。

（1）各学院要成立以院长为组长的本科专业人才培养方案制（修）订工作小组，统一进行本院各本科专业人才培养方案的制（修）订。

（2）在制（修）订培养方案前，应收集区内外同类专业人才培养方案，开展专项调研，了解毕业生、用人单位以及教师和在校学生等多方面的意见和建议，努力把握社会需求和学生发展对本专业的要求，认真分析原有人才培养方案内容，确定培养方案制（修）订的原则和要求。

（3）有大类招生学院要组织有关人员先行商讨确定需要打通的大类基础课程，包括跨学科以及本学科的学科基础课。

（4）各专业应成立培养方案编制小组，其中至少要有 2 位校外专家（包括行业、企业专家），具体负责本专业培养方案的制定。培养方案需经所在专业全体教师讨论。

（5）各学院应对照教育部颁布的《普通高等学校本科专业目录和专业介绍》（2012 年），审定专业名称，满足核心课程设置要求，突出专业培养特色。

（6）各学院要组织专家（至少 3 名校外专家）对专业人才培养方案进行现场

答辩评审。

（7）学校将随机从各学院抽取部分专业人才培养方案进行全校性答辩。

环境学院根据学校的总体部署和工作要求，开展了相应的培养方案修订工作。为了更顺利地完成培养目标修订和评价工作，环境学院专门成立了本科教学指导委员会。环境类专业还邀请企业和行业专家对人才培养目标的合理性进行反馈和评价，对人才培养目标的修订提供建设性意见。

7.2 教学过程质量监控机制与毕业要求达成情况评价机制

7.2.1 教学过程质量监控机制及运行

7.2.1.1 课程教学过程监督检查

桂林理工大学的本科教学过程监督检查机构由学校、学院和教研室三级构成。主要由学校教学指导委员会、主管本科教学副校长、发展规划与教学质量监控中心、教务处、校院教学督导组、学院院长、教学副院长、学院教学指导委员会、学院办公室、学院学生工作办公室和教研室主任等机构和人员组成。教学过程管理体系如图 7-2 所示。各管理机构有明确的分工与职责，负责对教学工作全过程进行决策、计划、组织、调控、监督和检查。

教学过程管理体系的运行有制度保障。环境类专业依托学校建立了一套科学性、操作性较强的教学管理标准，涵盖综合管理、教学激励、教学建设、教务管理、实践教学、质量监控、校际交流 7 个方面 80 个教学质量管理文件和规章制度。涵盖教师备课、上课、考试、实习、课程设计和教材选用等各个教学环节，涉及学生考试与违纪处分、教学名师评选和教学事故处理等，形成了教与学、激励与约束相结合的制度体系。

环境学院还制定了《环境类专业课程目标与毕业要求达成情况评价实施办法

（试行）》等监控机制，聚焦课程教学目标和毕业要求的达成，质量监控与毕业要求达成有明确的关联。

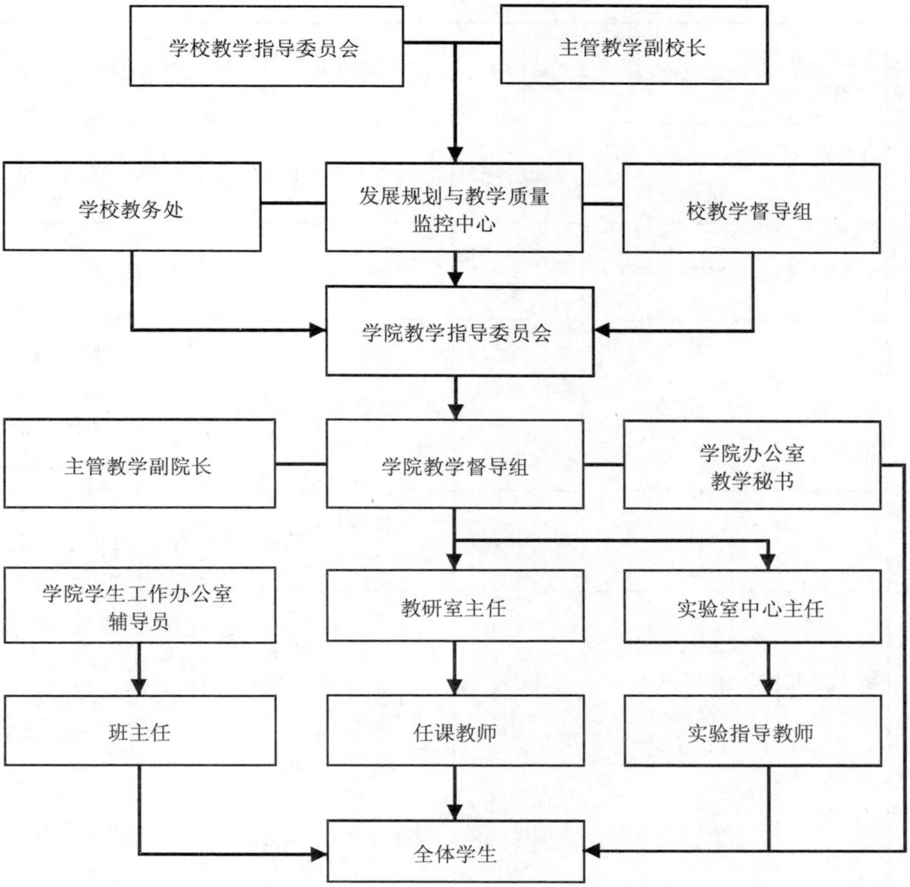

图 7-2　教学过程管理体系

7.2.1.2　课程质量评价机制

环境类专业具有合理的课程质量评价机制见表 7-1。根据相关专业培养目标和毕业要求来制定课程教学目标及教学大纲，组织教学及过程监控并进行课程目标达成度评价，由评价结果发现问题并改进问题，推动教学质量不断提高。

表 7-1 课程质量评价机制

教学环节	监督检查措施	实施办法	执行人	执行频度	结果保存方式	结果处理方式
必修课/选修课	任课教师自评	报告、图纸、考试、试卷分析	任课教师	每学期 1 次	纸质保存	用于改进教学
	领导听课	听课/检查	校领导、学院领导	不定期，每学期每人 3 次	纸质保存	进行现场交流和指导
	教学督导	听课/检查	院校督导组专家	定期/不定期、普查/抽查相结合	纸质保存	与任课教师、单位领导等交流、反馈意见，肯定优点，指出问题，提出改进建议
	同行评议	听课	教研室教师	每学期每人 8 次	纸质保存	进行现场交流
	学生评教	评教方式：网络评教，实名登录，匿名评价	在校学生	每门每学期 1 次	电子文档学生评教卡	评教结果反馈给教师及所在学院，专业负责人与相关教师交流，教师提出改进方案
	达成度评价	达成度评价表	任课教师、达成度评价小组	每年 1 次	纸质保存	反馈给教师
	应届毕业生评价	座谈会	教研室教师代表	每年 1 次	纸质保存	反馈给教师
	用人单位评价	调查问卷	用人单位	每 3～4 年 1 次	学院保存	结果反馈学院和教师
	毕业生评价	调查问卷	毕业生	每 3～4 年 1 次	纸质保存	结果反馈学院和教师

<table>
<tr><th>教学环节</th><th>监督检查措施</th><th>实施办法</th><th>执行人</th><th>执行频度</th><th>结果保存方式</th><th>结果处理方式</th></tr>
<tr><td rowspan="3">毕业设计（论文）</td><td>开题检查</td><td>由教研室组织开题报告会，检查每个学生的开题准备情况，抽部分学生进行重点检查</td><td rowspan="3">专家组</td><td rowspan="3">每届 1 次</td><td rowspan="3">纸质保存</td><td rowspan="3">对结题验收不合格缓答辩和答辩不合格的学生，按照学籍管理规定做结业处理，要在 3 个月内补充、修改毕业设计（论文），并重新进行毕业答辩。由院或教研室负责组织结题验收，成立答辩委员会组织集中答辩。结业后 3 个月内验收仍不合格或答辩仍不合格的学生，只能随下一届毕业生重修毕业设计（论文）</td></tr>
<tr><td>中期检查</td><td>学校组织一次中期检查，中期检查时抽查一半以上的学生汇报进展情况，回答教师质询</td></tr>
<tr><td>毕业答辩和设计、论文提交</td><td>在试验或设计工作完成后，答辩前一周完成，由教研室组织指导教师和有关教师实施检查</td></tr>
</table>

评价分为内部评价和外部评价。内部评价以课程教学大纲为依据，通过教师自评、领导评价、督导专家评价、同行评价、学生评价和达成度评价等，对任课教师的教学设计、授课内容、作业批改及课程教学效果实施评价。外部评价以调查问卷方式对毕业生和用人单位调研访问，对正在实施的教学大纲和教学内容的意见，包括课程设置和教材选用、课程理论知识深度、实践环节设置、所学课程对创新能力的培养、课程课时设置等进行满意度调查，形成调查分析报告反馈给学院和教师。

针对评价结果，由专业负责人组织，教研室主任、实验室负责人、专业教师等参与，召开专题研讨会，研讨结论汇总作为下一届学生的课堂教学大纲、教学内容以及教学方式的修订依据，并及时给予调整。

7.2.1.3 课程体系设置和评价修订机制

定期评价课程体系机制见表 7-2。

表 7-2 课程体系评价机制

教学环节	质量要求	主要责任者	评价基于的基本数据	评价周期、结果与改进措施
培养方案修订	①课程设置能够支撑毕业要求和毕业目标达成；②各类课程的学分配置合理；③课程的开课顺序和课程之间知识点的衔接恰当	学院人才培养方案制（修）订领导小组；教学副院长；教研室主任	①环境类专业本科人才培养方案；②学校颁布的专业人才培养方案制（修）订文件	①成立以院长为责任人，由教学副院长、学科专业负责人、教学指导委员会和骨干教师组成的专门工作小组，全面组织和负责完成制（修）订培养方案任务，制定有效机制，保证培养方案制（修）订质量。②评价周期：4 年。③评价结果：若合格，则保持；若出现问题，则进行制（修）订。④改进措施：由责任人按规定进行处理，需要制（修）订的根据情况需进行论证和逐级审批

7.2.1.4 课程（教学环节）教学大纲的制定和审查机制

教学大纲的制定和审查机制见表 7-3。

表 7-3 教学大纲的制定和审查机制

教学环节	质量要求	制定和审查责任者	评价基于的基本数据	审查周期、结果与改进措施
教学大纲制（修）订	①教学大纲阐明教学目标和教学内容与相关毕业要求达成的关系。②课程教学大纲的形式包括课程的教学目的、任务，支撑的能力要求，体系结构，教学进度，教学方法要求和综合评价方式。③课程教学大纲需定期征求教师、毕业生、用人单位评价意见，通过课程组讨论制定，由专业负责人和教学副院长审批，上报教务处。④教学大纲要严格按	制定者：主讲教师；审查者：教研室主任、教学副院长、教务处	学校颁布的专业人才培养方案制（修）订文件	①学院高度重视课程教学大纲制（修）订工作，明确任务，落实人员，确保教学大纲的编写质量；②专业基础课、专业核心课教学大纲制（修）订完成后，学院组织开展论证答辩工作，将开展论证答辩的安排提交到教务处，

教学环节	质量要求	制定和审查责任者	评价基于的基本数据	审查周期、结果与改进措施
	照人才培养方案设置的课程进行制（修）订，每门单独开设的课程都应编写独立的教学大纲，遵循“一个课程号编写一份课程教学大纲”的基本要求。课程名称、总学时及学时分配（含实验学时等）应与培养方案保持完全一致。课程名称相同，但总学分、总学时、学时分配、课程类别、考核方式中有一项不同的，应分别制（修）订大纲。⑤教学大纲体例、文字要规范。教学大纲按理论课、单独开设的实验课、集中性实践教学环节三种类型编写			跨学院上课的课程大纲在论证时邀请所在专业教师参与论证答辩；③审查周期：每 4 年修订 1 次；④审查结果：是否符合专业规范的教学要求和学生的毕业要求；⑤改进措施：结合培养目标的合理性分析和毕业要求的达成度分析，教研室主任召集任课教师分组讨论修订

7.2.2　主要教学环节的质量要求及考核方式和内容审查机制

本着“目标—执行—反馈—调控”的管理过程要求，桂林理工大学明确了相关教学环节质量要求，包括任课（主讲）教师资格认定、新开课教师应具备的条件、老教师开新课应具备的条件，内容涉及培养方案的制定与修订、教学大纲编制、课程教学计划、课堂教学、课程考核、实验教学、专业实习和毕业设计（论文）等环节。通过明确教学环节的质量要求与考核方式及内容审查机制，关联相关毕业要求，并将质量要求体现在课程教学大纲和相关的管理文件中，不断促进教学质量的改善，确保达成专业人才培养目标。

7.2.3　毕业要求达成情况的评价机制

（1）评价原理与依据

依据《桂林理工大学教学质量监控与保障管理办法（试行）》和《环境工程专业课程目标与毕业要求达成情况评价实施办法（试行）》《给排水科学与工程专业课程目标与毕业要求达成情况评价实施办法（试行）》，专业每 3 年进行一次课程目标达成情况评价。

支撑课程的权重赋值经本专业教师研讨并报学院教学指导委员会审定，对每项毕业要求进行分解，列出支撑每条毕业要求的课程，完成课程体系（教学活动）对毕业要求支撑能力矩阵。根据毕业要求指标点与相关教学活动的对应关系，给予各教学活动权重值（目标值），支撑某一指标点的所有教学活动的权重值加和为 1.0。依据教学大纲中对各项毕业要求二级指标点的支撑情况，跟踪每届学生 4 年学习情况，选择人才培养方案中的课程，作为每项毕业要求指标点支撑的课程。在实施评价之前，要求教师对所承担的课程按照毕业要求进行自评。

（2）评价依据合理性判定

在开展毕业要求达成度及课程达成度评价前，由环境学院教学委员会以及教学督导成员对评价依据（主要是对学生的考核结果，包括试卷、报告、设计等）的合理性进行确认。内容包括：①考核内容是否完整体现对相应毕业要求指标点的考核（试题难度、分值、覆盖面等）；②考核的形式是否合理（除期末考试外，是否采用综合报告等其他形式考核学生是否获取该条指标点所列能力）；③结果判定是否严格（是否存在试卷很难或得分很高的现象）等。

（3）评价人员

专业评价指导机构为学院教学指导委员会。环境学院教学指导委员会根据不同的评价活动组织成立专项评价工作小组开展评价工作，专项评价工作小组由专业负责人任组长，专业教师、基础课教师和教学管理人员任成员。

（4）评价周期

在每年进行一次开设课程的目标达成度评价的基础上，每 3 年进行一次毕业要求达成度评价，根据毕业要求达成度评价值，判定学生对于毕业要求的达成情况，并以该评价结果作为人才培养方案进行修订的重要依据之一。

（5）达成度评价方法

针对不同的毕业要求，采用直接评价和间接评价相结合、定性评价和定量评价相结合的评价方法。对工程知识、问题分析、设计/开发解决方案和研究等解决复杂工程问题能力相关的指标，以直接评价和定量评价方法为主。针对职业规范、个人和团队、沟通、项目管理和终身学习等非技术因素指标，以直接评价和定量评价的基础为主，以间接评价和定性评价为辅。

（6）评价结果的反馈方式

形成的成果包括两方面的内容：课程对于毕业要求的达成度评价表，根据本课程的评价结果，提出课程的持续改进措施；各项毕业要求达成度评价结果表，根据各项毕业要求达成度评价值，判定本届学生对于毕业要求的达成情况，提出针对性的改进措施。

7.3　毕业生跟踪反馈机制与社会评价机制

为切实提高环境类专业人才培养质量，及时发现人才培养过程中的各类问题，为了弥补不足、持续改进，环境学院制定了《环境科学与工程学院毕业生跟踪反馈和社会评价制度》，对组织机构、工作程序（流程）、调查形式、调查周期等做出了规定，对涉及的人员有明确要求，形成了毕业生跟踪反馈及用人单位调查的组织架构。由环境学院院长牵头，主管学生工作副书记、教学副院长、教研室主任、负责就业的学工教师和班主任共同组成调查小组，对调研方式、调研周期、结果反馈等各方面进行规定，以保证毕业生反馈机制的运行常态化。

建立了应届毕业生、往届毕业生、社会用人单位等信息反馈机制，通过问卷、网络、座谈或走访等形式定期或不定期地收集对环境类专业人才培养的建议和意见，并将反馈意见用于培养计划修订、课程内容更新等环节之中。毕业生跟踪反馈的主要方式、覆盖面、时间频度与载体等见表 7-4。通过上述方式，以获取培养目标是否达成情况的外部评估。反馈的结果通过一定的形式传达到教学单位，促进学生培养工作的不断改进。

表 7-4 毕业生跟踪反馈方式

序号	反馈渠道	覆盖面	时间频度	载体
1	应届毕业生座谈反馈	15 人以上	每年 1 次	座谈
2	应届毕业生调查反馈	有效问卷 50 份以上	每年 1 次	问卷
3	社会用人单位反馈	有效问卷 35 份以上	每 3～4 年 1 次	问卷
4	教学实习单位反馈	有效问卷 15 份以上	每年 1 次	问卷、记录
5	毕业生反馈调查	有效问卷 60 份以上	每 3～4 年 1 次	问卷、座谈
6	公开征集意见反馈	—	长期	记录

（1）应届毕业生调查

应届毕业生反馈包括座谈反馈与问卷调查反馈两方面。

应届毕业生座谈于每届毕业生答辩后，由专人组织部分应届毕业生在离校前进行座谈，每年 1 次，每次不少于 15 人。座谈就专业的教学和教学管理过程进行全面的评价交流，包括培养目标、课程体系设置、教学计划、课堂教学、课外指导、实践教学、教师水平、教学管理、学生管理等培养过程的主要环节，以及专业学习指导、职业规划、就业指导、心理辅导、资源保障等其他教育环节，请应届毕业生客观地对环境学院的教学和学生管理工作提出意见和建议。具体工作由学院学生工作办公室和教研室组织，负责教学的副院长、负责学生工作的副书记和专业教师参与。

应届毕业生的问卷调查在学生即将毕业前开展，通过发放“应届毕业生学习情况和毕业要求达成度问卷调查”表，针对培养目标、毕业要求达成度等问题汇总学生意见。通过分析调查问卷，了解学生对毕业要求达成的满意程度，作为培养目标达成情况评价的重要依据。

（2）往届毕业生调查

环境学院每 3～4 年通过发放问卷、召开毕业生座谈会，对毕业生的培养目标达成情况和服务地方经济情况进行跟踪调查。环境学院为校友返校聚会提供支持，参会人员包括学院相关领导、专业负责人和任课教师代表等。座谈的主要目的在于征求校友和企业对于学生培养的意见，提出不足与建议，为完善与修订培养方案、评价培养目标的达成提供依据。

对历届毕业生不定期地走访和质量跟踪调查也是环境类专业一向秉承的传统之一。长期保持联系，不定期了解多类岗位毕业生在实践中的成长历程，征求其对环境类专业的教学管理、课程设置合理性及知识技能应用的看法与建议，将调查结果进行汇总分析。其结果亦是修订培养计划的重要依据。

（3）班主任及辅导员班级群反馈

班主任及辅导员利用学生在校期间建立的 QQ 群、微信群等平台，长期与毕业生保持联系，及时了解毕业生的发展状况，并就反馈信息对专业人才培养工作提出意见与建议。

（4）用人单位问卷评价反馈

环境学院每 3～4 年对毕业 3～6 年的毕业生所在用人单位发放问卷，对培养目标、教学水平、教学管理、课程设置等进行调研。此项工作由环境学院院长担任领导小组组长，学院分管学生工作副书记、分管教学工作副院长为副组长，院长助理、学工办主任、辅导员和所调查班的班主任为组员，组成社会评价工作领导小组。

（5）实习基地、实习单位访谈

每年的各种专业实习过程中，通过与实习基地领导或校友的访谈，了解实践中专业人员对环境类专业毕业生综合素质与能力的评价与需求，并了解各种可能的专业就业岗位对人才培养及教学设置的要求。每年通过对实习单位发放调查问卷的形式请实习单位对学生能力进行评价，以评估学生的培养情况。

7.4　毕业设计情况及质量控制机制

毕业设计是学生在完成全部理论课程学习以及认识实习、生产实习与课程设计之后的最后一个教学环节，也是进行专业技术综合训练与合格工程师培养最为重要的实践性教学环节。通过毕业设计（论文）的完成，使学生对所学过的基础知识和专业知识进行一次全面、系统的回顾和总结，将理论与实践相结合，巩固和发展所学理论知识，牢固树立可持续发展的思想。

在下达毕业设计（论文）任务书时，指导老师根据学生的专业方向，结合学生在企业毕业实习情况，布置各类工程设计类题目，明确要求一人一题。题量要适度，使学生在有效的毕业设计期间，经过努力可以完成。

7.4.1 毕业设计选题、内容及合理性分析

环境工程、给排水科学与工程等环境类专业近 3 年毕业设计的选题均要结合专业工程实践，体现解决相关专业领域工程实际问题，做到了一人一题，学校制定了与毕业要求相适应的标准及保障机制，如《桂林理工大学本科毕业实习和毕业设计（论文）管理规定》《桂林理工大学毕业实习与毕业设计（论文）工作基本要求》。

7.4.2 毕业设计（论文）质量控制机制

为提高毕业设计（论文）的质量，桂林理工大学制定了《桂林理工大学毕业实习与毕业设计（论文）管理规定》，要求学校教务处、学院和教研室三级把关，要组织专家深入具体专业中，对毕业设计（论文）的各个环节进行监督和检查，具体做法如下。

（1）指导教师资格及指导学生的人数限制

指导教师指导学生的人数原则上不得超过 8 人，中级职称的老师指导学生人数原则上不得超过 6 人，初级职称或没有职称的老师不能指导学生。超过人数的要上报教务处审批。可以聘请企业内的工程技术人员或管理人员作为指导老师，但要求具有中级以上职称。同时，应由本专业老师负责掌握毕业设计的进度、要求，协调有关问题。

（2）开题情况检查

由教研室组织开题情况检查，全体指导老师参加开题报告会，检查每个学生

的选题、文献综述和工艺方案论证等情况，同时检查毕业设计的进展程度，以及是否具备本专业毕业设计的基础条件。

（3）中期检查

中期检查分两次进行，分别由教研室和教务处组织实施。中期检查时每个学生要汇报毕业设计的进展情况，回答教师提出的问题。第一次中期检查时，着重检查学生对课题内容与要求的深入研究情况、有关资料的收集与分析情况。第二次中期检查时，学生应提交设计任务书、外文翻译、开题报告、已查阅到的参考文献、已完成的论文初稿。

（4）导师自评与交叉评阅

答辩前由指导老师对学生所有成果进行检查，给出修改意见。同时由教研室各指导老师对其他老师指导的学生进行评阅，即交叉评阅。评阅过程中给出修改意见和评阅成绩。在毕业答辩后进一步检查修改情况。

（5）分组答辩

按照研究方向进行分组，每个答辩小组由 3 名及以上（人数为奇数）具有讲师以上职称的专任教师组成，每一答辩小组配备 1 名秘书。其中答辩主席由外聘的企业专家担任，成员为本专业的各指导老师。在答辩前，答辩委员会成员应认真审阅学生毕业设计（论文）资料。答辩时，秉持公正、严谨的态度，以协商或投票的方式（建议为答辩委员会集体表决）给出学生答辩成绩。

（6）结题验收

毕业设计结束后，由教研室组织老师对学生提交材料进行核查，包含毕业（设计）论文（设计说明书）、图纸、各种过程材料，审查其内容、格式等是否达到了学校要求及本专业要求。发现问题继续修改直至合格。在毕业设计（论文）过程中还邀请企业的专家对学生的设计成果进行评阅并提出宝贵的意见。

7.5 督促教师在教学过程中履行质量责任的制度和措施

7.5.1 教师为学生提供各类指导的制度和保障措施

教师除完成教学计划规定的教学任务之外，参与指导学生也是应尽的教书育人义务。为鼓励教师积极参与学生指导，桂林理工大学和环境学院采取了以下措施。

（1）《广西壮族自治区高等学校教师系列高、中级专业技术资格评审条件》中明确规定：申报副教授必须具有从事一年以上的班主任等学生思想教育管理工作经历；需结合专业、岗位特点，适时开展学术、时事讲座，引导学生学会学习，开拓视野，了解本学科的学术前沿和发展方向。

（2）鼓励教师承担班主任工作。为做好学生日常管理工作，桂林理工大学制定了《桂林理工大学班主任工作管理办法》《桂林理工大学班导师制实施办法（试行）》，规定班主任须做到“五个一”，即每周至少与学生谈话一次，每月至少组织召开一次班团会，每月至少深入学生宿舍一次，每月至少参加学生活动一次，每学期至少到所带班级课堂听课一次。

（3）建立了指导学生职业生涯规划、职业从业教育的机制。桂林理工大学、环境学院成立二级学生就业工作领导小组，制定《桂林理工大学毕业生就业工作实施方案》，明确了将“就业指导与创业基础”作为必修课程，为学生的择业、就业、创业提供全方位的指导与服务，为大学生的成长成才与顺利就业提供有力保障。

（4）除班主任制外，学院还为每个年级配备了 1 名专职辅导员，负责对学生进行大学学习、专业发展、素质拓展等方面的指导。

（5）实行学业导师制。每一位教师均担任本科生的学业导师，定期和学生联系，了解他们的学习、生活和工作情况，并对出现困难的学生进行帮助和指导。每 3～4 名新生配备 1 名学业导师，学业导师对学生的日常学习情况和专业发展进行指导，并指导本科生提前进入实验室参加科研项目。

（6）接受学院或教研室安排，或者应学生要求，承担临时性指导工作，指导方式包括讲座、专业介绍、学生科技竞赛指导、职业规划指导和就业辅导、学生创新性实验计划项目指导和个别辅导等。在学生成长过程中，专业教师对学生的指导作用也通过课堂教学、各项实践教学活动、各类讲座等方式言传身教。环境类专业学生普遍重视课外科技活动和社会实践活动对自身能力、素质的提升作用，参加这类活动积极性普遍较高，专业老师都给予了适时指导。

7.5.2　保证与促进教师履行质量责任的制度和措施

桂林理工大学鼓励教师积极参与教学研究和教学改革、优化教学内容、改进教学方法，组织教育教学改革项目的申报、评审和立项等工作，不定期召开学校、学院二级教学管理人员的工作例会，及时发布工程认证、新工科建设等工作情况信息。

《桂林理工大学本科教学工作规范》规定了教师教学活动和教学管理的基本要求和操作规程，包括对教师的主要职责、教学纪律、教学计划和教学文件制定、教材选用原则、基层组织职责、理论教学、辅导答疑、批改作业、考试、实验和实习、课程设计和毕业设计要求进行规定，学校教学活动受本规范约束，所有教师的教学活动必须遵守本规范。是否认真执行教学工作基本规范是考核全体教师的重要依据。

桂林理工大学开展课程教学大纲制定的相关文件中明确规定：课程教学大纲的编写必须按照“学生中心、成果导向、持续改进”核心理念，从本课程在本科专业人才培养中的地位、作用出发，明确课程目标，设计课程内容、各教学环节安排及考评方法，并明晰毕业要求、课程目标、教学内容及考核方式四者之间的相互关系，应做到：①课程学习目标的制定必须与毕业要求指标点挂钩；②教学内容与教学方法必须支撑课程目标的达成；③考核方式必须能够证明课程目标的达成。

《环境工程专业课程目标与毕业要求达成情况评价实施办法（试行）》《给排水科学与工程专业课程目标与毕业要求达成情况评价实施办法（试行）》规定教师教学应树立以全体毕业生“学习产出”为导向的人才培养新理念。教学质量的内部评价应以教学大纲为依据，通过教师自评、督导评价、教学管理人员（含领导）、同行、学生评价和课程目标达成度、毕业要求达成度评价，评价结果发现问题，从而进行持续改进。每学期进行一次。

7.5.3 督促和判断教师履行责任的主要办法和依据

（1）建立了“四位一体”的教学质量监控体系

《桂林理工大学教学质量监控与保障管理办法（试行）》中指出，为了加强对教学过程的考核，建立了“四位一体”的教学质量监控体系，通过教师自查、职能部门检查、督导组督察和学生网上评教，全面监控教学过程，保证其有效运转。桂林理工大学和环境学院建立了两级教学督导组，每学期对所有任课教师进行随机听课，并将听课意见及时反馈给教师本人和学院。学校构建了教学质量评价网络平台，每学期要求所有学生对所有任课教师进行教学质量评价，学生通过互联网对任课教师在教学内容的深度与广度、理论联系实际、教学方法与手段等方面进行评价。教学管理人员通过教学评价管理平台可了解全体教师的评价情况，教师可查看本人的评价情况，以便及时对教学质量进行评估和改进，同时促使全体教师重视学生的反馈意见，促进教学质量提升。另外，为保证教学管理工作的科学性、规范性和严肃性，维护正常的教学秩序，预防教学事故的发生，并能够及时、有效、妥善处理已发生的教学事故，学校制定了《桂林理工大学教学事故认定与处理办法》。

（2）学校对教学质量实行学校和学院两级管理

学校对教学工作实行目标管理，学院实行过程管理。学校教学工作委员会负责全校的教学质量控制。主管教学副校长负责全校的正常教学工作。教学副院长负责本专业的教学管理工作。同时学校构建了教学质量评价网络平台，学生对授课教师进行教学质量评价。学生通过互联网对授课教师在教学内容的深度和广度、理论联系实际、教学方法与手段等方面进行评价；学院每年也对毕业生进行问卷调查，让已完成学业、具有工程感悟的毕业生对上大学时教师的授课情况给出评价，教师可以查看本人的评价情况，教学管理人员可以了解全体教师的评价情况，以便及时对教学质量进行评估和改进。通过这些措施使全体教师重视学生的反馈意见，从而不断改进、完善教学环节，促进教学质量的提升。

（3）实施教学全过程规范化、标准化管理与课程目标考评

为推进专业工程认证，学院与教研室把本专业教育培养目标与毕业要求紧紧结合起来，根据学生课程目标达成度定期修订教学大纲及授课计划，组织考试命题、阅卷和听课等教学相关工作，考试试卷要求采用集中命题或试题库选题；对教师教学计划的执行、备课、授课、辅导答疑等教学环节进行严格监督。如教师在教学过程中必须进行教学考勤、互动教学，每学期教师之间要互相听课，学校和学院两级教学主管人员在学期初、期中、期末进行教学检查以及试卷抽查，教学督导组不定期听课，检查实践教学环节的任务下达、中期落实情况，并对实习记录本、设计文本与设计图纸进行抽样检查，对毕业设计进行查重，部分被抽查学生在学校进行集中答辩。课程或者实习、设计结束后，必须根据毕业要求指标点对课程或实践环节进行质量评价，统计分析达成度，分析学生掌握课程知识的情况，评价教学效果及课程目标达成状况，提出教学持续改进的措施等。

（4）加强师资队伍建设

为促进师资队伍建设，提高学生课程目标达成度，教研室大力推进“老中青三结合”的教学团队建设，对青年教师进行一对一形式的“传帮带”指导，共同修改教学大纲、编写教学计划、联合进行课堂教学、联合指导课程设计、参与校企联合培养工作、到生态环境管理部门或者环保企业挂职等，促进中青年教师教学能力与工程能力的提升。

（5）把专业认证工作落实到每个教学环节

通过学校、学院二级教学部门出台一系列规章制度及其监管举措，环境类专业教师结合工程专业认证要求，修改了专业培养计划，把教学知识点分解、落实到各门课程；重构了课程体系，组建了老中青相结合的师资队伍；完善了教学程序、教学过程和教学评价，加强了工程实践环节的教学，明确了教师在教学质量提升过程中的责任，把知识点落实到每节课与每个教学环节，促进了专业培养目标与教学活动的持续改进，基本在环境类专业实现了“教学生学”，教学生“乐学”“会学”“学会”，使学生学会自己学、做中学、思中学。近3年应届毕业生毕业要求达成度调查显示，95%左右的同学对自己毕业要求达成度基本满意。

（6）开展OBE教学理念为指导的教学研究

鼓励教师开展OBE教学理念为指导的各类教学研究、教学改革、教学平台建设和创新教学实践。教师根据环境类专业工程认证的基本要求，结合本专业众多平台建设和大纲修订，明确了各门课程对实现环境类专业能力结构或者学习成果的贡献，分解了各门课程的知识点，把课程体系与专业课程、知识点与能力结构达成有机结合起来，重构了环境类专业课程体系，明确了每门课程的教学内容及其能力结构目标。各门课程授课教师根据该课程的教学内容及其能力结构目标，优化教学内容，分解章节知识点，优化教学策略，针对性地进行了教学方式、学习方式和评价方式的变革。在课堂上采用互动教学、学思结合，增加了场景教学、工程技术参数与技术经济性、设备设施与构筑物及工艺参数的匹配性、工程设计与工艺运行管理、案例教学等工程教学内容，把课题变成了开放课堂，把课堂教学更加紧密地与知识点、达成度相结合，把专业知识与工程能力相结合。有些教师针对以往各实践环节较为分散与脱节，探索把暑假岗前轮岗、生产实习、毕业实习与就业相结合，让学生直接去环保企业进行专业见习实习，使实践环节变成能力课堂。针对学生专业认识、专业爱好、职业生涯追求的差异性，把学生职业价值取向与专业教师的学科特长相结合，进行导师制分组、组建大学生科技创新小组等，对学生进行个性化、类别化、差异化指导，指导老师与企业导师及相关技术管理人员共同把控每名学生的学习进程，及时为学生制定针对性的教学方案，提供不同的学习机会，并给出学习状态的明确评价。

7.6　教学管理与服务规范

为了保证本科教学工作的顺利进行，培养出能满足毕业要求、达成培养目标的毕业生，构建了教学质量管理体系。在学校层面，教务处统一负责各专业的教学管理，主要包括研究拟订有关教学及教学管理方面的政策、措施；提出专业设置、专业方向改变及拓宽专业面等问题；负责新设专业的审核和申报；会同招生就业处拟订年度的本科招生计划；负责本科专业教学计划制（修）订的组织、审核以及教学计划实施与监控；负责各项教学管理规定（制度）的制（修）订、执行及监督工作、编制教学进程、教学日历，下达教学任务，审定教师工作任务，编排课表、调度教室；协同有关部门进行教风、学风建设，开展教学环境优化工作；负责全校各类考试工作的组织与管理工作；负责组织进行教学质量、专业、课程、教研室、实验室等全校性的评估工作和优秀教材、教学优秀成果奖等各项教学奖励的评选工作；负责全日制本科学生的成绩管理、学籍异动审定、各类证书发放资格的审定和发放等工作；负责组织开展全校专业建设、课程建设以及教材建设供应工作；审定和分配有关教学经费；负责教学实验室、教学实习基地等教学设施建设工作的指导与监督以及日常管理；负责全校本科实习、实验、毕业设计（论文）以及学生课外科技活动等实践教学工作各环节的规划、监控及管理；负责教学管理信息化建设工作。

在学院层面，设有主管教学副院长，环境学院又设有教学秘书以及各专业教研室。校、院两级的教学管理模式保障了教学工作的正常进行。为保证教学效果，桂林理工大学专门设立教学工作委员会、本科教学指导委员会和教学督导委员会，从宏观层面负责教学质量监控工作，组织机构保障有力；专门制定了本科教学工作规范、教学指导委员会章程和教学督导工作条例，制定了教学质量监控与保障管理办法，并强化二级学院教学责任主体地位，规范了教学督导的过程，强化了教学督导在监督、检查、咨询、指导、评价和服务方面的职能，对教学质量提升起到了重要的促进作用。

教学工作档案是反映教学工作状态与办学水平的原始依据，是教学工作实施过程最真实的记录，是衡量学校教学管理水平和教育教学质量的重要标志之一。为了提高教学工作档案管理的质量和水平，充分发挥教学工作档案在教育管理、教学活动、科学研究等各项工作中的作用，桂林理工大学制定了《桂林理工大学教学工作档案管理办法》，对教学文件、学生成果和课程考试材料等归档做出了明确规定，使教学过程更加规范。

7.6.1 教学过程管理

教学过程管理包括日常教学管理、听课制度、实践课程的检查、学生意见反馈和教学经验交流与竞赛等重要环节，形成教与学共同提高的良性循环。

（1）日常教学管理

日常教学管理包括在学期初、期中和期末进行教学检查。初期主要对教学准备情况进行检查，如教学大纲、教案和学生考勤表等材料的准备情况，检查情况填写《开学初期教学情况检查统计表》。实验课程的实验设备和指导书等准备情况、实习课程的实习大纲、实习计划、实习指导书的准备情况和教师备课情况。期中检查是指检查课程进行情况，填报《期中教学检查填报表格》。对于毕业设计（论文），必须经过开题报告会，督导组参与开题报告会，教研室负责提交相关文件。期末主要针对考试和考风进行监督和检查。总体来说，日常教学管理覆盖教师教学的备课、课堂教学（实习过程）、考试（考核）过程（阅卷、试卷分析和成绩评定）等教学全过程。

（2）听课制度

为保障教学质量，环境学院专门制定了听课制度，包括校、院两级督导组听课、学校领导听课、学院领导听课、教师之间互相听课等。将对教案、教具、PPT和讲课效果等进行综合检查和监督，将听课意见和建议反馈给授课教师，督促教师主动改进教学方法。听课意见记录在案，直接与教师绩效考核和晋级挂钩。

7.6.2　教学效果监控

通过对教学效果进行监控可以为教学水平的提高提供重要保障。教学效果的监控包括考试方式、考场纪律、试卷评分、试卷分析和试卷存档等重要环节。严格考场纪律、发现违纪及时处理。课程设计、大作业、实习报告、毕业设计（论文）、考卷、考场记录单等做好存档工作，学校督导组随机检查和反馈意见。

（1）主讲教师资格制度

学校规定所有新教师进校必须符合教师准入条件才能讲课。新进教师与老教师进行结对培养，指导新教师尽快适应教学工作。并举办教学交流会与培训会，加快新教师成长。另外，还定期公布正高职称教师的授课信息，鼓励新进教师前去听课，主动学习，以提高水平。

（2）学生评教制度

学生评教是每个学生必须通过互联网对所修课程的上课情况进行综合评价。评教结果通过互联网反馈给教师，以便教师进行改进。评教结果进行备案，作为教师绩效考核的依据。

（3）教师考核制度

通过学生评教、教师评教及督导评教等方式，对每位教师的教学工作做出合理性评价，作为教师年度考核指标。教学督导组采取个别访谈或召开座谈会的形式听取学生意见，并及时反馈给教学单位和主讲教师，以促进教师教学水平的提高，从而提高人才培养质量。

（4）教学事故认定处理制度

为了对教学及教学管理中的违纪查处有章可循，桂林理工大学分别对教学（管理）违规和教学（管理）事故做出了相应的界定和处理规定。

（5）毕业生跟踪调查制度

环境学院通过调查问卷的方式对毕业生质量信息实施监测、反馈和统计分析，为教学的改革提供翔实的资料。根据反馈的信息及时调整人才培养方案和进行教学改革，有利于促进教学质量的提高。

7.7 产出导向的协同育人质量保障机制

环境类专业为进一步加强质量标准体系建设，先后制定并完善人才培养质量标准、专业教学质量标准、课程标准、教材选用标准、命题质量标准、毕业设计质量标准，并作为专业建设和评估的依据。

以工程教育“产出导向”理念为指导，构建人才培养标准实现矩阵，明确人才培养目标、毕业要求、课程之间的支撑关键，加强课程标准执行情况的检查、评估。修订了《课堂教学质量评价表》，分别制定了理论课、实验课、体育课、艺术类、实践环节等不同类型课程的评估指标，实现课程的分类评价；出台了《桂林理工大学课堂教学质量评估方案》，评估结果与教学单位教学工作年度考核挂钩，开展包括督导、同行、学生多方参与的课堂教学评估，督导、同行、领导评教总计覆盖率（门次数）达50%以上，学生评教覆盖率（门次数）达95%以上；引入麦可思教学质量管理系统，鼓励教师在课堂中发起即时性评价，将评教的主动权还给教师，实行过程性与结果性并重的评教模式。

确立“宽基础、强实践、擅应用、重创新”的应用型创新人才培养目标，建立以学生为中心、以学习成果为目标、着眼于全体学生成长，专业教育与工程应用和市场需求有效衔接的课程体系。调查地方政府、区域市场、行业企业、院校、学生的满意度，评估协同育人成果，结合协同育人各环节进行整改和纠偏。配合新兴产业发展和传统环保产业转型，制定毕业生动向、企业需求变化的数据追踪集成制度，开展毕业生供需匹配数据挖掘、集成和分析，及时反馈指导人才培养体系和实践教学方案的优化，探索出适应新时期国家和地方需要的人才培养方案。

运用现代信息技术，解决实践教学地点离散度高的弊端，及时反馈校外专家、本校教师和业内同行的实践教学督导情况，切实开展专业实验实践教学、课外训练、综合实习、户外实习和毕业实习等教学过程的全过程督导。围绕人才培养的全过程建立“学校—政府—企业—社会”共同参与的“精准—多元—动态”质量监控与保障体系。

第8章

环境类专业创新人才国际化视野的培养途径

高等教育发展水平是一个国家发展水平和发展潜力的重要标志。习近平总书记指出：“我们对高等教育的需要比以往任何时候都更加迫切，对科学知识和卓越人才的渴求比以往任何时候都更加强烈。”当前世界范围内新一轮科技革命和产业变革加速进行，综合国力竞争愈加激烈。工程教育应与产业发展紧密联系、相互支撑。

新工科建设需要借鉴国际经验、加强国际合作，扎根中国、放眼全球、办出特色，借鉴国际先进理念和标准，明确新工科教育未来发展的重点和方向，分析新工科人才应具备的素质，构建新工科人才能力体系，培养具有国际视野的创新型工程技术人才。加强国际交流与合作，将“中国理念”“中国标准”注入“国际理念”“国际标准”，扩大我国在世界高等工程教育中的话语权和决策权。

科学的培养方法是造就国际化人才的重要条件，桂林理工大学的环境科学与工程学院主要从进一步改革教学模式、扩大国际交流与合作、鼓励学生参加国际活动、多途径营造国际化的校园环境和氛围等途径，全方位培养新工科时代具有国际视野的环境类专业创新人才。

8.1　专业课程“5E”课堂双语教学改革

8.1.1　国际化背景下环境类专业课程双语教学面临挑战

在我国推动共建“丝绸之路经济带”和“21 世纪海上丝绸之路”大背景下，国家对高等教育尤其是人才培养提出了更高要求。要实现与世界各国的政策互通、设施联通、贸易畅通、资金融通、民心相通，开展形式多样的合作交流，首要的工作是培养大批创新型、国际化人才，特别是各类既精通专业又具备一定的国际视野，能够在跨文化背景下进行沟通和交流能力的国际化专门人才。英语作为国际交流的重要语言工具，在国际化人才的培养中扮演着极其重要的角色，在教学过程中特别是在专业课程中着力培养学生运用英语从事专业工作的能力显得尤为重要，因此亟须开展专业课程的双语教学改革。

随着“一带一路”建设的加快推进，各国需要共同应对生态环境方面的挑战，特别是“海上丝绸之路”沿岸国家几乎全是发展中国家，快速工业化和城市化的环境压力、空气的跨国污染、水资源破坏、热带雨林锐减以及生物多样性减少、人口膨胀和资源消耗量飙升等问题，极易诱发重大环境风险与投资风险，严重影响区域可持续发展。广西作为“21 世纪海上丝绸之路”与“丝绸之路经济带”有机衔接的重要门户，肩负着与沿线国家共同应对生态环境方面挑战的重任。因此，培养一批熟练运用英语从事环保专业工作的国际化人才，是实现中国与“一带一路”沿线各国开展生态环保合作的重要基础。

随着环境类专业双语课程建设的不断探索与发展，在教材建设、教学方法改革和考核方式方法改革等方面取得了一定程度的改进和发展。在双语课程教材建设中，部分高校采用英文原版教材，但运用英文原版教材在学时安排及教学内容的深度上存在矛盾。大量的实践表明，在教学中直接应用原版英文教材，由于其语法和词汇超过我国学生的实际英语水平，所以难以取得较好的学习效果。国内中文教材参考国外相关文献编著双语教材或讲义是一个解决目前教材困境的方法，但这对教材编著者的外语水平要求较高。因此，国内编写的专业课程双语教材非常缺乏。

当前，我国仅有极少数高校在环境工程专业课程中进行双语教学，教育改革的进度难以跟上国际经济文化一体化的速度，即使开设双语课程的高校也存在教材不适用、趣味性不高、教学效果不理想等问题，导致学生缺乏双语课程学习的主动性和积极性。因此，通过进一步转变教育教学观念，探索在专业课程教学中运用“5E”（Electronic、Easygoing、Engineering、Exploration、Enjoy）课堂理念开展双语教学，不断提升双语课程的教学质量，增强学生自主学习英语的能力，提高学生国际交流的能力，示范带动其他专业双语课程建设，提高环境类专业课程教学质量。

8.1.2 基于“5E”课堂的环境工程专业课程双语教学实践

虽然环境工程专业课程针对双语教学进行了一些卓有成效的改革，但是学生的英语交流能力特别是跨文化教学仍旧处于弱势地位，没有得到足够的重视。特别是当前以应用能力为导向的教学改革较少，学生缺乏跨文化理解力和主动沟通意识，所掌握的知识不能用于后续的学习和实践中。通过“5E”课堂双语教学实践，提高教师设计教学案例、学生科学地掌握和探究知识能力，有利于培养学生的英语交流、创新和系统思维能力，促进环境工程双语教学的教学效果以及探究教学的深入开展。

（1）Electronic

Electronic（电子化）即充分发挥互联网在教育资源配置中的优化和集成作用，将互联网的创新成果深度融合于环境工程专业课程双语教学之中，形成广泛的以互联网为基础设施和实现工具的教育教学改革发展新形态。在大数据时代背景下，教学资源的电子化已成为必然趋势。环境工程专业课程双语教学对教材建设和资料数据库建设进行了改革。将教案、参考教材、课件、课后扩展英文学习资料（包含“一带一路”专业词汇、生态环境热点问题、环境保护问题）、英文文献、习题、英文教学案例、课程相关的英文视频、英文教学资源和信息、作业提交、答疑、课程问卷调查、课后教学互动等所有课程资源进行整合与电子化，制定符合桂林理工大学环境工程专业的双语教材。通过教材建设和资料数据库建设电子化的改革，以培养学生的国际化视野，造就一大批适应“一带一路”发展战略需要的环境工程国际化人才；基于互联网实现教学资源共享，丰富了双语教学课程资源与教学设计，提高了学生主动学习专业课程能力。

（2）Easygoing

Easygoing（易学）即让学生随时随地、简单易懂地进行环境工程专业双语课程的学习，综合运用虚拟仿真技术、专业教学视频（英文）、人机对话和网络社交等手段激发学生的学习兴趣，使教学方法和手段多样化。针对环境工程理论和实验教学，选取典型案例进行虚拟仿真双语教学。桂林理工大学环境工程专业双语教学过程中，充分利用国家级虚拟仿真实验教学示范中心——环境污染防治与生态保护虚拟仿真实验教学中心进行教学，包括环境安全事件应急管理及虚拟仿真教学、单体实验教学项目模拟、大型仪器模拟操作、环境工程野外实习模拟、大型工程实体模拟、微生物仿真教学等多个虚拟仿真技术。在教学过程中，以虚拟仿真技术和专业视频（英文）作为辅助教学，提高学生的环境工程理论学习效果。

（3）Engineering

Engineering（工程性）。环境工程作为典型工科专业，双语课程的学习也应该充分体现其工程性的特性，运用双语讲解工程案例，增强学生学习课程的目的性和方向性。环境工程专业主要涉及水污染控制工程、大气污染控制工程、固体废物处理与处置工程、物理性污染控制工程等内容，要通过双语教学使学生全部理解主要工程实验或实践面临较大困难，因此在教学过程中重点讲解水、大气和固体废物处理工程。这些工程在“认识实习”实践课程中均已现场观摩。针对生活污水处理工程、固体废物减量化和资源化工程的内容教学，通过讲授法、英文视频和分组讨论等方式教学方式，要求所有学生能够用英文表述典型污水处理流程、固体废物减量化与资源化等内容，在双语教学实践中充分体现工程性。

（4）Exploration

Exploration（探索性）。专业课程中英语的学习不能光靠死记硬背，通过相应的探索性教学设计，培养学生独立思考、发现问题和解决问题的能力，全面提高学生的创新能力。为了使学生由被动学习向自主学习、灌输型学习向探索性学习的转变，体现“以学生为主体，教师为主导”的教学理念，在双语教学改革过程中，通过设计特定主题，如“Water，air and land pollution”“Discuss the ways of wastewater treatment”“Waste minimization and recycling”“What do Environmental Engineers do？”“Climate change”“Greenhouse effect”等“一带一路”涉及的生态环境问题，要求学生课后查阅专业英文期刊和英文资料，在课堂上开展小组英文讨论交流，探究特定环境问题的解决途径，使学生的思维得到散发，培养了学生独立思考环境问题和解决实际环境问题的能力，提高了学生的创新能力。

在双语教学考核方式上进行了探索性的改革，在考核中充分体现工程性（工程内容使用英文表述）、探索性的教学目标，探索建立了“课堂听课+课堂提问+作业评定+主题报告+主题英文表述+综合考试”的综合考评体系。同时，为了注重听力和口语的测评，分值占平时成绩的 40%～50%，主要包括英文句子和段落的朗读、专业词汇听写、环境问题的英文表述等内容。

在教学模式进行探索性改革中，采用学生综合成绩反馈（期末考试）、英语交流能力考察（平时成绩）、教师和学生问卷调查方式等评估改革，通过评估成效加以改进。

（5）Enjoy

Enjoy（乐学）即将环境类专业课程（双语）建设成为学生喜欢、享受的课程。通过改变传统的以讲授为主的教学模式，以学生为导向，充分尊重学生的意愿，突出学生的主体地位，发展学生的主体性，给予学生和教师更多的自主性，让学生摆脱固定的教材和单一的课堂，学生在活动中成了认知的主体，主动进行研究探索；教师在教学中进行指导，主导活动的进行；而教材只是帮助学生进行研究的辅助资料，课堂只是进行学习探讨的场所之一。例如，在双语教学改革过程中，通过指定特定的环境主题或学生自选所感兴趣的主题，引导学生通过 *Science*、*Nature*、*Environmental Health Perspectives*、*Energy and Environmental Science*、*Environmental Science and Technology*、*Water Research*、*Atmospheric Chemistry and Physics*、*Nature Climate Change*、*Soil Biology and Biochemistry* 等英文专业期刊查阅相关资料，在课堂上进行讨论，使学生乐于参与到教学环节中。

8.2　扩大国际合作范围，拓展多种形式的国际合作项目

要培养学生的国际化视野，最直接的方法是让学生走出国门，去国际著名大学深造学习。为达到这一目标，桂林理工大学、环境学院已建立与国外多所大学的联合培养机制，并且合作的范围还在不断扩大。目前，主要的合作形式包括"桂工百名学子看世界"海外学习项目、"学在桂工"海（境）外学习项目等，这些项目都为充分调动学生学习的主动性及开阔学生的国际化视野起到了重要作用。

8.2.1　"桂工百名学子看世界"海外学习项目

为进一步吸引优秀生源，充分调动学生学习的主动性，桂林理工大学国际教育学院（国际交流处）、学工处、校团委共同启动了"桂工百名学子看世界"海外学习项目。"桂工百名学子看世界"学习项目重点与海外、港澳台地区高水平大学合作，每年选派一批品学兼优的大学生赴美国加州州立理工大学、英国伯明翰城市大学、韩国中央大学、日本熊本大学等多所国际知名大学进行为期 3～5 周的专业文化和能力培养体验式课程学习（与中国台湾地区高校共建的为 4 个月本科学分互认项目），项目主要包括课程学习、文化体验及能力提升等内容。

在"看世界"的过程中，环境学院学子不仅提升了英语交际能力、提升了专

业综合素养、传播了中华优秀传统文化，还学会了用世界眼光看今日中国，切实感受到了新中国成立70年来取得的巨大成就，进一步增强“四个意识”、坚定“四个自信”。学员们由衷地感谢学校提供的学习机会，表示会在今后的学习生活中，牢记新时代赋予的新使命，以青春力量助力学校“双一流”建设，在实现中华民族伟大复兴中国梦的征程上，书写无愧于时代的青春篇章。

8.2.2 环境学院“学在桂工”海（境）外学习项目

“学在桂工”海（境）外学习项目是为进一步提升环境学院人才培养质量、提高人才国际化素质而实施的重要举措，旨在使环境学院学生学在桂工、立足广西、放眼世界。该项目2021年将选派一批品学兼优的学生赴加拿大昆特兰理工大学、马来西亚拉曼大学、马来西亚理工大学、柬埔寨理工学院等几所知名大学进行2周到3个月的交流学习。主要内容包括：

（1）课程学习

进行与专业相关的课程学习，参加学术讲座，修读专业课程，了解海（境）外学科前沿和专业动态，熟悉课程体系和教学内容，培养学生的创新能力。

（2）文化体验

体验异国文化和风土人情，了解海（境）外人文历史和经济社会发展成就。

（3）能力提升

参与国外高校领导力、创新创业能力等提升教育，培养多元化的文化观念和思维习惯，锻炼独立自主和团结合作精神，提高专业技能、语言运用和交往沟通能力，提升综合素质。

近3年来，环境学院结合学校学科优势和国家“一带一路”建设，每年选派环境类专家及相关专业学生，赴泰国等“一带一路”沿线国家高校开展生态环保等科研合作，为促进双方高校科研水平提升提供“桂工智慧”。为更好地推进“双一流”学科建设，近年来还组织了赴瑞典创新创业专项团，赴德国“工业4.0”专项团，赴俄罗斯、英国、哥斯达黎加等国家的“双一流”专项学科团，为学生掌握了解国际学术前沿、提升专业素养奠定了良好的基础。近年来，参与项目学生全国英语四级、六级考试通过率达 100%，考研录取率达 15%，百余名学生参与了雅思、托福考试，一大批学生被英国爱丁堡大学、美国加州州立理工大学等知名国际学府录取为硕士研究生，继续进行专业学习深造。依托环境学院“学在桂工”海（境）外学习项目，共选派了 300 余名环境类专业本科生和研究生赴柬埔寨等“一带一路”国家开展社会实践。

8.2.3　与“一带一路”沿线国家高校开展紧密交流与合作

加强与加拿大温莎大学、日本熊本大学、柬埔寨理工学院等国外高校的本科交换生项目，建立完善的交换生遴选、奖学金、学分互认制度。与柬埔寨理工学院共建水环境保护国际联合实验室，2018 年开展了 20 人次本科生互访，教师互为对方本科生授课，引进该校 1 名东盟杰出青年学者到桂林理工大学工作 1 年，双方就“柬埔寨 PrekTe 河流水环境质量调查”研究课题签订了合作协议。聘任马来西亚、巴基斯坦和伊朗等“一带一路”沿线国家共 4 名外籍专家（聘期 1 年以上）作为专职教师为学生授课，选送学生到美国加州州立理工大学、美国微软公司、波兰罗兹大学等开展跨文化的专业课程学习，着重培养学生工程实践创新能力和提升国际竞争力。

通过与柬埔寨理工学院共建水环境保护联合实验室并形成本科生交互访问学习的机制，与马来西亚拉曼大学共建教学团队，举办“一带一路”生态环境保护研讨会，每年选派 10 余名学生到美国、加拿大、波兰、马来西亚、柬埔寨、哥斯达黎加等国家访学，显著提升环境工程专业人才培养的国际化水平。近年来吸引了“一带一路”沿线国家高校如柬埔寨理工学院、马来西亚拉曼大学、塔吉克斯坦理工大学等高校前来参观考察，其中塔吉克斯坦理工大学主动与桂林理工大学联系提出双方共建该国首个环境工程专业（2019 年，该国已选派 2 名教师到校进行了为期 15 天的办学经验学习），柬埔寨理工学院 1 名教师到桂林理工大学进行为期 1 年的进修培训。

8.3 鼓励学生多参加国际竞赛、学术交流和会议

目前，针对大学生的国际竞赛很多，适合环境类专业学生参与的竞赛也很多，例如美国大学生数学建模竞赛、国际“互联网+”大学生创新创业大赛等，由于竞赛本身具有全球化的特点，参加竞赛对于开阔学生视野、锻炼其思维及动手能力都能起到积极作用。环境学院组织并鼓励学生积极参加类似的国际竞赛，是培养具有国际视野的环境类专业创新人才的良好途径。近 3 年来，环境类专业学子积极参加了国际“互联网+”大学生创新创业大赛，共有 30 余名学生获得区级选拔赛铜奖以上奖项。

环境学院鼓励学生积极参加环境类专业的国际会议，是开拓学生国际视野、锻炼其国际思维的绝好机会。环境学院对于参加国际比赛和国际会议的学生给予一定资助，减轻学生及其家庭的经济压力，使得更多的学生有机会走出国门，接受国际化思维的熏陶。近 3 年来，学校积极服务“一带一路”倡议，举办了第二届中国—柬埔寨水环境合作研讨会、“一带一路”生态环境保护国际研讨会等 5 个国际学术会议。另外，环境学院还有多名研究生在第七届春季国际工程与技术大会（SCET 2018）、第二届中柬水与环境管理合作研讨会、2020 年能源环境与生物工程国际会议等学术会议中进行了分会场的口头报告。

8.4 建设校园国际化环境和氛围

新工科时代培养具有国际化视野的环境类专业创新人才，一方面，需要通过国际合作项目和国际会议及国际比赛让学生“走出去”，亲身体验和感受世界名校的校园生活。另一方面，桂林理工大学通过多种途径引进海外人员，聘请海外名师来学校开展短期讲学、讲座、论坛和沙龙，通过多种形式和途径，让所有学生不出国门，就有机会聆听海外学术大师的课程和报告，更能零距离互动。参加这

些活动，对提升学生的跨文化沟通能力和国际化思维的养成都有帮助。

聘任来自马来西亚、巴基斯坦和伊朗等“一带一路”沿线国家的共 4 名外籍专家（聘期 1 年以上）作为专职教师为学生授课，另外邀请了多名海外专家为学生进行学术报告或系列讲座。例如，聘任了来自马来西亚的蓝丝敏（Lam Sze Mun）博士、辛恁綜（Sin Jin Chung）博士为环境学院的专任教师，为学生讲授了“水和废水的深度处理”和“太阳光催化：水净化和消毒”应用研究型课程。外籍教师 Asfandyar Shahab（巴基斯坦）和 Saeed Rad（伊朗）分别给环境类专业本科生讲授“水资源利用”“专业英语”“城市水环境评价与技术”等课程。

邀请加拿大温莎大学教授杨建文做了 3 场学术报告（题目分别为 *Geofluids-related Scientific Investigation*，《成矿热液流体模拟的案例研究》，*Fluid Flow Modeling Associated with the Formation of Mineral Deposits in Sedimentary Basins*）；邀请美国华盛顿特区水务局高级工程师张建祺（Chein-Chi Chang）来环境学院为环境工程、给排水科学与工程等专业学生进行授课或系列讲座（题目分别为 *Green Infrastructure/Sponge City*，*Storm Water Management*，*Introduction-Sustainable Water Resources Management*，*Challenge for Environmental and City Construction Engineers*，*New Water Resources Management Paradigm*，*Regulations for Green Infrastructure in the United States* 等）；邀请了柬埔寨理工学院教授 Pen Sytharith、巴拉那联邦大学教授 Jean Ricardo Simoes Vitule、德国美恩茨大学教授 Micheal Kersten 等知名学者为学生做报告。

参考文献

[1] 白凯华．新时代背景下加强水文专业学生思想政治教育的研究[J]．河南教育（高教版），2019（2）：52-54.

[2] 白凯华，代俊峰，张帅普，等．水利经济课程思政建设的思考[J]．广西教育，2019（43）：93-94.

[3] 陈伟，易芬云，吴世勇．新工科人才培养的目标逻辑和过程逻辑[J]．高教探索，2020，210（10）：42-48.

[4] 陈喆，林华，曾鸿鹄．试论环境工程专业课课程思政教育路径[J]．教育现代化，2020（69）：81-84.

[5] 陈志莉，林华，刘立恒，等．《水处理技术及典型案例解析》课程改革探索与实践[J]．当代化工研究，2020（21）：101-103.

[6] 程亚平，陈余道，闫雅妮，等．依托网络教学平台进行“环境地质学”课程网络建设[J]．教育现代化，2017，4（25）：93-94.

[7] 程燕，何慧军，靳振江，等．浅谈环境工程专业基础课有机化学教学现状与改革措施[J]．教育教学论坛，2019（15）：236-237.

[8] 甘磊，朱彦光，覃礼堂，等．浅谈 MOOC 教学在地方高校水文水资源工程专业中的应用[J]．教育现代化，2018，5（52）：233-235.

[9] 高德毅，宗爱东．从思政课程到课程思政：从战略高度构建高校思想政治教育课程体系[J]．中国高等教育，2017（1）：43-46.

[10] 黄永林．1993—2018 年普通高校教育经费投入的深度分析[J]．教育财会研究，2020，31（6）：9-25.

[11] 李胜利．环境学概论课程研究性教学模式研究[J]．高等理科教育，2010（6）：102-105.

[12] 林江湧，吴素梅，宋彩萍．专业定位与专业建设——以上海高校为例[J]．高教发展与评估，2012（4）：102-107.

[13] 林健．新工科专业课程体系改革和课程建设[J]．高等工程教育研究，2020，180（1）：7-19，24.

[14] 刘绍刚，施钦，刘敏，等．“双一流”背景下民族院校环境工程专业人才培养创新模式[J]．广西民族大学学报（自然科学版），2019，25（1）：111-114.

[15] 中华人民共和国教育部．教育部关于一流本科课程建设的实施意见（教高〔2019〕8 号）[R]，2020.

[16] 潘复静，靳振江．生态问题案例探究式教学加强地方高校学生的生态环保意识[J]．科教文汇（中旬刊），2018（7）：76-78.

[17] 宋晓红，李艳红，张立浩，等．OBE 理念下的《环境工程微生物学实验》教学改革与实践——以桂林理工大学为例[J]．高教学刊，2020（7）：142-144.

[18] 王燕舞，林华，李海翔，等．“互联网+”下给排水科学与工程专业教学改革探索的几点思考[J]．教育观察，2016，5（11）：95-96，133.

[19] 夏源，陈余道，程亚平．环境地质学的课程思政建设初探[J]．科教导刊，2018，35（12）：87-88.

[20] 徐保利，代俊峰，刘曦瞳，等．基于 OBE 理念的流域水文模型课程教学模式探索[J]．教育教学论坛，2020（22）：213-214.

[21] 薛天祥．高等教育学[M]．桂林：广西师范大学出版社，2001.

[22] 于晓章，冯宇希．“互联网+”背景下污染场地调查的研究生教学实践研究[J]．教育教学论坛，2018（34）：232-233.

[23] 于晓章，冯宇希．环境毒理学方向硕士研究生分组开放教学模式的探讨[J]．教育教学论坛，2017（24）：235-236.

[24] 张华，曾鸿鹄，陆燕勤，等．给排水科学与工程专业“互联网+”标准化实践教学体系的研究[J]．教育教学论坛，2020（3）：207-208.

[25] 张琴，刘辉利，靳振江，等．基于创新创业能力培养的《环境工程微生物学》实验教学体系[J]．教育教学论坛，2018（9）：253-255.

[26] 张杏锋，聂小奇，高波．环境工程专业研究性教学方法的应用策略研究[J]．教育现代化，2019，6（22）：21-24.

[27] 张杏锋，聂小奇，高波．研究性教学在“环境规划与管理”课程中的实践[J]．科教文汇（上旬刊），2019（6）：85-86.

[28] 钟登华．新工科建设的内涵与行动[Z]．高等工程教育研究，2017.

[29] 钟溢健，李金城，刘辉利，等．基于项目学习的环境工程专业教学改革与实践[J]．大众科技，2018，20（10）：83-84，93.

[30] 周小斌，林华．疫情防控背景下网络直播教学存在的问题及解决策略[J]．视界观，2020（6）：224-225.

[31] 周志强，亓晶．行业划转地方工科院校场域转换困境与特色再造[J]．高等工程教育研究，2020（6）：112-117.